新制造·工厂运作
实战指南丛书

生产设备全员维护指南

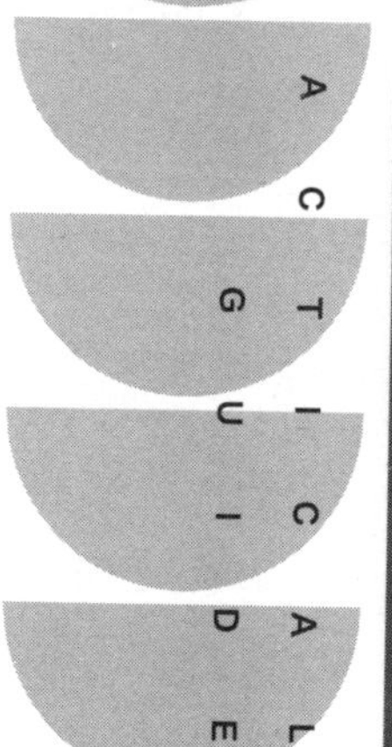

化学工业出版社
·北京·

内容简介

《生产设备全员维护指南（实战图解版）》一书分两篇：第一篇为全员设备维护的基础工作，包括设备管理概述、设备管理方式的更新、设备管理账卡与档案建立、开展TPM全员生产维修四章内容；第二篇为生产设备全员维护实践，包括设备前期管理、实施设备点检、推行设备计划保全活动、设备维修管理、设备自主保全、设备个别改善、设备零故障管理、设备磨损补偿八章内容。

本书内容全面、深入浅出、易于理解，注重实际操作，并提供了大量在实际工作中已被证明行之有效的范本，读者可以根据范本内容，略做修改，为己所用，以节省时间和精力。

图书在版编目（CIP）数据

生产设备全员维护指南：实战图解版/开鑫主编．—北京：化学工业出版社，2021.9
（新制造·工厂运作实战指南丛书）
ISBN 978-7-122-39341-8

Ⅰ.①生… Ⅱ.①开… Ⅲ.①工业生产设备-维修-指南 Ⅳ.①TB4-62

中国版本图书馆CIP数据核字（2021）第112741号

责任编辑：辛　田　　　文字编辑：冯国庆
责任校对：王　静　　　装帧设计：尹琳琳

出版发行：化学工业出版社（北京市东城区青年湖南街13号　邮政编码100011）
印　　装：三河市延风印装有限公司
710mm×1000mm　1/16　印张13　字数250千字　2021年8月北京第1版第1次印刷

购书咨询：010-64518888　　　售后服务：010-64518899
网　　址：http://www.cip.com.cn
凡购买本书，如有缺损质量问题，本社销售中心负责调换。

定　　价：68.00元
版权所有　违者必究

前言

制造业为立国之本、强国之基，推动制造业高质量发展，应成为推动数字经济与实体经济融合发展的主攻方向和关键突破口。要将制造业作为发展数字经济的主战场，推动数字技术在制造业生产、研发、设计、制造、管理等领域的深化应用，加快重点制造领域数字化、智能化，推动“中国制造”向“中国智造”和“中国创造”转型。

制造业是实体经济的主体，新制造则是强化实体经济主体的催化剂。新制造指的是通过物联网技术采集数据并通过人工智能算法处理数据的智能化制造，通过形成高度灵活、个性化、网络化的生产链条以实现传统制造业的产业升级。

相比传统制造业，新制造能够更合理地分配闲置生产资源，提高生产效率，能够更准确地把握用户特性与偏好，以便满足不同客户的需求，扩大盈利规模。传统制造业的多个环节都可以进行智能升级，比如工业机器人可以被应用于制造业生产环节，辅助完成复杂工作；智能仓储、智慧物流可以高效、低成本地完成仓储和运输环节。

在新制造下，在数字化车间，生产链条的各个环节进行积极的交互、协作、感染与赋能，提高生产效率；在智能化生产线上，身穿制服的工人与机器人并肩工作，形成了人机协同的共生生态；而通过3D打印这一颠覆性技术，零部件可以按个性化定制的形状打印出来……

新制造，能够借助大数据与算法成功实现供给与消费的精准对接，从而实现定制化制造与柔性生产。通过大数据和云计算分析，可以把线上消费端数据和线下生产端数据打通，运用消费端的大数据逆向优化生产端的产品制造，为制造业转型升级提供新路径。

基于此，我们组织编写了“新制造·工厂运作实战指南丛书”，具体包括：《生产计划与作业控制指南（实战图解版）》《生产成本控制实战指南（实战图解版）》《生产设备全员维护指南（实战图解版）》《现场管理实战指南（实战图解版）》《班组管理实战指南（实战图解版）》《5S运作与改善活动指南（实战图解版）》《品质管理与QCC活动指南（实战图解版）》《采购与供应链实战指南（实战图解版）》《仓储管理实战指南（实战图解版）》。

“新制造·工厂运作实战指南丛书”由涂高发主持编写，并由知名顾问老师开鑫、龚和平、赵乐、李世华共同完成。其中，《生产设备全员维护指南（实战图解版）》一书由开鑫主编。

《生产设备全员维护指南（实战图解版）》一书分两篇：第一篇为全员设备维护的基础工作，包括设备管理概述、设备管理方式的更新、设备管理账卡与档案建立、开展TPM全员生产维修四章内容；第二篇为生产设备全员维护实践，包括设备前期管理、实施设备点检、推行设备计划保全活动、设备维修管理、设备自主保全、设备个别改善、设备零故障管理、设备磨损补偿八章内容。

本书的特点是内容全面、深入浅出、易于理解，注重实际操作，对生产设备全员维护的操作要求、步骤、方法、注意事项做了详细的介绍，并提供了大量在实际工作中已被证明行之有效的范本，读者可以根据范本内容，略做修改，为己所用，以节省时间和精力。

由于编者水平有限，书中难免会有疏漏之处，敬请读者批评指正。

编者

第一篇　全员设备维护的基础工作

设备管理工作是企业的核心工作之一。全员设备维护管理是与生产设备相关的全体人员共同参与的设备维护管理活动，旨在相关人员在设备导入、设备使用、设备保全、设备改善和设备退役等各环节共同参与，来实现消除浪费、降低成本、提高效率和建立一个积极的工作环境。

第二篇　生产设备全员维护实践

生产设备的技术水平和装备水平，在一定程度上是生产水平的标志。生产设备的质量及其技术先进程度，直接影响着产品的质量、精度、产量和生产效率。全员设备维护也就是从经营层、管理层到全体作业员都要热情地参与到设备管理活动中来。

全员设备维护的基础工作

设备管理工作是企业的核心工作之一。全员设备维护管理是与生产设备相关的全体人员共同参与的设备维护管理活动，旨在相关人员在设备导入、设备使用、设备保全、设备改善和设备退役等各环节共同参与，来实现消除浪费、降低成本、提高效率和建立一个积极的工作环境。

本篇主要由以下章节组成。

- 设备管理概述
- 设备管理方式的更新
- 设备管理账卡与档案建立
- 开展TPM全员生产维修

第一章 设备管理概述

导读

设备管理的水平高低，对企业的技术和装备都将产生直接影响。只有进行科学化的管理，设备才会发挥出高效能。设备管理是否有效，决定着生产设备能否维持一个正常的工作状态，从而影响企业的生产效益。本章对设备管理的内容、要求等做一个简要的描述。

学习目标

1. 了解设备管理的内容，掌握设备管理的考虑因素，以便对设备管理有更好的把握。

2. 了解设备管理的三个层次，掌握三个层次管理的具体内容。

学习指引

序号	学习内容	时间安排	期望目标	未达目标的改善
1	设备管理的内容			
2	设备管理的考虑因素			
3	设备管理的层次			

一、设备管理的内容

（一）设备的选购和评价

根据技术先进、经济合理、生产可行的原则，并通过技术经济论证，正确地选购机器设备。

（二）设备技术状况管理

企业一般应按设备的技术状况、维护状况和管理状况分为完好设备和非完好设备，并分别制定具体考核标准。各部门的生产设备必须完成上级下达的技术状况指标，即考核设备的综合完好率。

（三）设备润滑管理

企业对设备润滑管理要做好以下工作。

① 企业各机动部门应设润滑专业员负责设备润滑专业技术管理工作；修理车间设润滑班或润滑人员负责设备润滑工作。

② 每台设备都必须制定完善的设备润滑“五定”（定点、定质、定时、定量、定人）图表和要求，并认真执行。

③ 要认真执行设备用油“三清洁”（油桶、油具、加油点），保证润滑油（脂）的清洁和油路畅通，防止堵塞。

④ 对大型、特殊、专用设备用油要坚持定期分析化验制度。

⑤ 润滑专业人员要做好设备润滑技术推广和油品更新换代工作。

（四）设备缺陷的处理

① 设备发生缺陷，岗位操作和维护人员能排除的应立即排除，并在日志中详细记录。

② 岗位操作人员无力排除的设备缺陷要详细记录并逐级上报，同时精心操作，细心观察，注意缺陷发展。

③ 未能及时排除的设备缺陷，必须在每天的生产调度会上研究决定如何处理。

④ 在安排处理每项缺陷前，必须有相应的措施，明确专人负责，以免缺陷扩大。

（五）设备运行管理

设备运行管理是指通过一定的手段，使各级维护人员能牢牢掌握住设备的运行情况，依据设备运行的状况制定相应措施。

1.建立健全系统设备巡检标准

企业要对每台设备，依据其结构和运行方式，定出检查的部位（巡视点）、内容（检查什么）、正常运行的参数标准（允许的值），并针对设备的具体运行特点，对设备的每一个巡检点确定出明确的检查周期。检查周期一般可分为时、班、日、周、旬、月检查点。

2.建立健全巡检保证体系

岗位操作人员负责对本岗位使用设备的所有巡检点进行检查，专业修理人员要承包对重点设备的巡检任务。

3.信息传递与反馈

生产岗位操作人员巡检时，发现设备不能继续运转等需紧急处理的问题，要立即通知当班调度，由值班负责人组织处理。一般隐患或缺陷，检查后登入检查表并按时传递给专职巡检员。

专职维修人员进行的设备点检，要做好记录，除安排本组处理外，还要将信息向专职巡检员传递，以便统一汇总。

专职巡检员除完成承包的巡检点任务外，还要负责将各方面的巡检结果，按日汇总整理并列出当日重点问题并及时输入计算机，以便企业综合管理。

4.动态资料的应用

专职巡检员针对巡检中发现的设备缺陷和隐患，提出应安排检修的项目，纳入检修计划。

巡检中发现的设备缺陷，必须立即处理的，由当班的生产指挥者即刻组织处理；本班无能力处理的，应由企业上级领导确定解决方案。

重要设备的重大缺陷，由企业上级领导组织研究，确定控制方案和处理方案。

5.设备薄弱环节的管理

① 对薄弱环节进行认定。

② 应依据动态资料，列出设备薄弱环节，按时组织审理，确定当前应解决的项目，提出改进方案。

③ 对设备薄弱环节采取改进措施后，要进行效果考察，提出评价意见，经有关领导审阅后，存入设备档案。

（六）设备的更新改造

根据产品质量提高、发展新产品、改革老产品和节约能源的需要，有计划、有重

点地对现有设备进行改造和更新。它包括编制改造更新规划、改造方案和新设备技术经济论证、改造更新资金、处理老设备等。

二、设备管理的考虑因素

做好设备管理，必须考虑好相关的技术、经济因素。

（一）技术的因素

设备管理的技术因素有以下几点。

① 设备的设计技术。

② 诊断技术。

③ 决策技术（再生补修、防止磨损等）。

④ 设备管理技术。

（二）经济的因素

经济因素主要考虑以下要点。

① 设备预算的编成。

② 设备预算的管理。

③ 保养费用。

（三）人的因素

人的因素主要包括有关设备管理的方针和目标，有关人员的资格和教育，设备管理者的思考方法，设备管理分工的方法等因素。

三、设备管理的层次

设备管理是对设备寿命周期全过程的管理，是企业管理的重要组成部分。在企业管理中，一般分为以下层次。

（一）高层次设备管理

① 高层次设备管理主要是指企业领导为组织实施企业发展战略而规定的设备更新、关键设备的技术改造以及重要设备的引进、购置等决策。

② 在近期内，重要设备大规模检修的计划与组织实施；设备系统重要法规的贯彻、部署；企业内部设备管理体制的改革方案等。

（二）中层次设备管理

① 中层次设备管理主要内容一般包括：为了实现第一层次所规定的各个项目、方案所开展的组织、协调、保证、服务等一系列工作。

② 在企业有关领导的主持下，以设备部门为主，或在设备部门参与下，会同计划、生产、财务、技术改造、物资供应以及有关车间等统一加以组织实施。

（三）作业层设备管理

作业层设备管理也就是生产现场的设备管理。这一层次设备管理的主要任务是针对生产现场的运行特点，有效地加强设备管理，保持机器设备良好的技术状态，保证生产的正常秩序，促进生产优质、低耗、高效、安全地进行。

第二章

设备管理方式的更新

导 读

随着工业化、信息化的发展，机械制造、自动控制等出现了新的突破，设备的科学管理出现了新的发展趋势。企业对新备管理方式也要随之有更新和改变。

学习目标

1. 了解设备的全员管理的主要内容及要求，了解设备管理的信息化的必要性，掌握设备管理信息系统的功能模块。

2. 了解其他设备管理方式，即实施专业的设备维修，设备系统自动化、集成，加强设备故障的监测、诊断，开展TPM全员生产维修，掌握各种方式的具体概念和要求。

学习指引

序号	学习内容	时间安排	期望目标	未达目标的改善
1	实施设备的全员管理			
2	设备管理的信息化			
3	实施专业的设备维修			
4	设备系统自动化、集成化			
5	加强设备故障的监测、诊断			
6	开展TPM全员生产维修			

一、实施设备的全员管理

设备全员管理，就是以提高设备的全效率为目标，建立以设备使用的全过程为对象的设备管理系统，实行全员参加管理的一种设备管理与维修制度，其主要内容如下。

（一）设备的全效率

指在设备的投入到报废中，为设备耗费了多少，从设备那里得到了多少，其所得与所花费之比，就是全效率。

设备的全效率，就是以尽可能少的寿命周期费用，来获得产量高、质量好、成本低、按期交货、无公害安全生产等成果。

（二）设备的全系统

1.设备实行全过程管理

把设备的整个寿命周期，包括规划、设计、制造、安装、调试、使用、维修、改造，直到报废、更新等的全过程作为管理对象，打破了传统设备只集中在使用过程的维修管理上的做法。

2.设备采用的维修方法和措施系统化

在设备的研究设计阶段，要认真考虑预防维修，提高设备的可靠性和维修性，尽量减少维修费用。

在设备使用阶段，采用以设备分类为依据，以点检为基础的预防维修和生产维修；对那些重复性发生故障的部位，针对故障发生的原因采取改善维修，以防止同类故障的再次发生。这样，就形成了以设备寿命周期作为管理对象的完整的维修体系。

（三）全员参加

全员参加指发动企业所有与设备有关的人员都来参加设备管理。

① 从企业最高领导到生产操作人员，都参加设备管理工作，其组织形式是生产维修小组。

② 把凡是与设备规划、设计、制造、使用、维修等有关部门都组织到设备管理中来，分别承担相应的职责。

二、设备管理的信息化

设备管理的信息化应该是以丰富、发达的全面管理信息为基础，通过先进的计算机和通信设备及网络技术设备，充分利用社会信息服务体系和信息服务业务为设备管

理服务。

企业要想对设备结构进行优化组合，就要高效率地使用设备和不断更新设备，则需建立设备管理信息系统。首先，利用企业的内部网络对设备的工作效率和生产效益进行追踪管理，以保证设备能够被高效地使用。其次，通过联网对设备的有关信息进行了解，以达到合理利用设备的目的。

（一）何谓设备管理信息系统

设备管理信息系统（Plant Management Information System，PMIS）又称“计算机设备管理系统”，它是以设备为管理对象，利用现代计算机技术对设备管理活动中的信息进行收集、提取、加工、输出，从而形成支持组织决策、控制企业设备管理行为的信息系统。

企业通过设备管理信息系统对设备寿命周期中产生的各种纷繁复杂的数据进行存储分类、统计分析和编制预算，如投资规划、状态监测、故障记录、维修记录、修理费用、备件库存等，对这些信息进行有计划的系统处理，为企业高层和设备管理有关人员进行设备规划和决策提供依据，从而使设备运行处于有效控制中，保证企业优质高效地实现目标。

（二）设备管理系统的功能组成

设备管理系统一般都包括以下部分，见表2-1。

表2-1　设备管理系统的功能组成

序号	功能模块	说明
1	设备资产及技术管理	建立设备信息库，实现设备前期的选型、采购、安装测试、转固；设备转固后的移装、封存、启封、闲置、租赁、转让、报废，设备运行过程中的技术状态、维护、保养、润滑情况记录
2	设备文档管理	设备相关档案的登录、整理以及与设备的挂接
3	设备缺陷及事故管理	设备缺陷报告、跟踪、统计，设备紧急事故处理
4	预防性维修	以可靠性技术为基础的定期维修、维护，维修计划分解，自动生成预防性维修工作单
5	维修计划排程	根据日程表中设备运行记录和维修人员工作记录，编制整体维修、维护任务进度的安排计划，根据任务的优先级和维修人员工种情况来确定维修工人。工单的生成与跟踪：对自动生成的预防性、预测性维修工单和手工录入的请求工单，进行人员、备件、工具、工作步骤、工作进度等的计划、审批、执行、检查、完工报告，跟踪工单状态

续表

序号	功能模块	说明
6	备品、备件管理	建立备件台账，编制备件计划，处理备件日常库存事务（接收、发料、移动、盘点等），根据备件最小库存量自动生成采购计划，跟踪备件与设备的关系
7	维修成本核算	凭借工作单上人员时间、所耗物料、工具和服务等信息，汇总维修、维护任务成本，进行实际成本与预算的分析比较
8	缺陷分析	建立设备故障码体系，记录每次故障发生的情况以进行故障分析
9	统计报表	查询、统计各类信息，包括设备的三率报表、设备维修成本报表、设备状态报表、设备履历报表、备件库存周转率、供应商分析报表等

三、实施专业的设备维修

企业要建立一种社会化、专业化、网络化的维修体制，就是建立设备维修供应链，改变过去大而全、小而全的生产模式。

随着生产规模化、集约化的发展，设备系统越来越复杂，技术含量也越来越高，维修保养需要各类专业技术，并建立高效的维修保养体系，发挥好以下作用。

① 保证维修质量、缩短维修时间、提高维修效率、减少停机时间。

② 保证零配件的及时供应、价格合理。

③ 节省技术培训费用。

④ 提高设备使用效率，降低资金占用率。

四、设备系统自动化、集成化

现代设备的发展方向是自动化、集成化。由于设备系统越来越复杂，对设备性能的要求也越来越高，因而势必提高对设备可靠性的要求。

可靠性工程是一门研究技术装备和系统质量指标变化规律的科学，并在研究的基础上制定能以最少的时间和费用，保证所需的工作寿命和零故障率的方法。可靠性科学在预测系统的状态和行业的基础上建立选取最佳方案的理论，保证所要求的可靠性水平。

可靠性标志着机器在其整个使用周期内保持所需质量指标的性能。不可靠的设备显然不能有效工作，因为无论是由于个别零部件的损伤，还是技术性能降到允许水平以下而造成停机，都会带来巨大的损失，甚至灾难性后果。

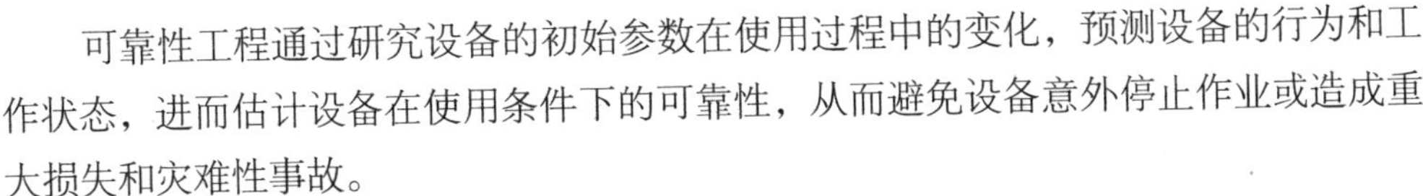
可靠性工程通过研究设备的初始参数在使用过程中的变化，预测设备的行为和工作状态，进而估计设备在使用条件下的可靠性，从而避免设备意外停止作业或造成重大损失和灾难性事故。

五、加强设备故障的监测、诊断

为了保证设备的正常工作状态和做到物尽其用、发挥最大效益，有必要事先做好设备故障的预防，主要通过设备监测和故障诊断来实现。

（一）做好设备状态监测

设备状态监测技术是指通过监测设备或生产系统的温度、压力、流量、振动、噪声、润滑油黏度、消耗量等各种参数，与设备生产厂家的数据相比，分析设备运行的好坏，对机组故障做早期预测、分析诊断与排除，将事故消灭在萌芽状态，降低设备故障停机时间，提高设备运行可靠性，延长机组运行周期。

（二）加强设备故障诊断

设备故障诊断技术是一种了解和掌握设备在使用过程中的状态，确定其整体或局部是否正常或异常，早期发现故障及其原因，并能预测故障发展的趋势。

随着科学技术与生产的发展，机械设备工作强度不断增大，生产效率、自动化程度越来越高，同时设备更加复杂，各部分的关联越加密切，往往某处微小故障就会引发连锁反应，导致整个设备乃至与设备有关的环境遭受灾难性的毁坏，不仅会造成巨大的经济损失，而且会危及人身安全，后果极为严重。采用设备状态监测技术和故障诊断技术，就可以事先发现故障，避免发生较大的经济损失和事故。

六、开展TPM全员生产维修

TPM（Total Productive Maintenance）的意思就是“全员生产维修”，这是日本人在20世纪70年代提出的，是一种全员参与的生产维修方式，其主要点就在“生产维修”及“全员参与”上。通过建立一个全系统员工参与的生产维修活动，使设备性能达到最优。

（一）设备维修体制简介

1. 事后维修——BM（Breakdown Maintenance）

这是最早期的维修方式，即出了故障再修，不坏不修。

2. 预防维修——PM（Preventive Maintanance）

这是以检查为基础的维修，利用状态监测和故障诊断技术对设备进行预测，有针对性地对故障隐患加以排除，从而避免和减少停机损失，分定期维修和预知维修两种方式。

3. 改善维修——CM（Corrective Maintanance）

改善维修是不断利用先进的工艺方法和技术，改正设备的某些缺陷和先天不足，提高设备的先进性、可靠性及维修性，提高设备的利用率。

4. 维修预防——MP（Maintenance Prevention）

维修预防实际就是可维修性设计，提倡在设计阶段就认真考虑设备的可靠性和维修性问题。 从设计、生产上提高设备质量，从根本上防止故障和事故的发生，减少和避免维修。

5. 生产维修——PM（Productive Maintenance）

生产维修是一种以生产为中心，为生产服务的一种维修体制。它包含了以上四种维修方式的具体内容。对不重要的设备仍然实行事后维修，对重要的设备则实行预防维修，同时在修理中对设备进行改善维修，设备选型或自行开发设备时则注重设备的维修性（维修预防）。

（二）TPM全员生产维修的五大要素

TPM全员生产维修强调五大要素，即：

① TPM致力于设备综合效率最大化的目标；

② TPM在设备寿命周期中建立彻底的预防维修体制；

③ TPM由各个部门共同推行；

④ TPM涉及每个雇员，从最高管理者到现场工人；

⑤ TPM通过动机管理，即自主的小组活动来推进。

关于开展TPM全员生产维修请阅读第四章的内容。

第三章 设备管理账卡与档案建立

导读

完整、系统的设备管理账卡与档案，有利于实现对设备的全过程管理；经常对设备账卡与档案中的设备资料技术参数进行分析和比较，有利于确定设备故障发生的规律，便于排除故障和提报备品备件；对设备运行状况和维修工的跟踪，有利于设备的技术改造和更新工作；通过对设备账卡与档案的阶段性的重阅和分析，有利于总结设备管理工作的经验和不足，不断提高工作效率。

学习目标

1. 了解设备资产卡片的内容，能够根据所提供的卡片模板结合企业实际来设计本企业的设备资产卡片。

2. 了解设备台账的基本内容，掌握设备台账的编制形式。

3. 了解设备档案的内容与范围，掌握设备档案资料的收集、整理、管理、借阅的具体。

学习指引

序号	学习内容	时间安排	期望目标	未达目标的改善
1	设备资产卡片			
2	建立设备台账			
3	建立设备档案			

一、设备资产卡片

设备资产卡片是设备资产的凭证，在设备验收移交生产时，设备管理部门和财务部门均应建立单台设备的资产卡片，登记设备编号、基本数据及变动记录，并按使用保管单位的顺序建立设备卡片册。随着设备的调动、调拨、新增和报废，卡片位置可以在卡片册内调整、补充或抽出注销。

（一）固定资产登记明细卡

固定资产登记明细卡中记有固定资产的编号、名称、规格、技术特征、技术资料编号、附属物、使用单位、所在地点、建造年份、开始使用日期、原价、预计使用年限、购建资金来源、折旧率、大修理基金提存率、大修理次数和日期、转移调拨情况、报废清理情况等资料。固定资产登记明细卡如表3−1所示。

表3-1　固定资产登记明细卡

资产编号		型号		制造厂		国别		出厂编号	
设备名称		规格		出厂日期		到厂日期		启动日期	
复杂系数	机： 电：		质量/吨		安装地点			原值/元	
附属电机总容量：　千瓦				附件及专用工具					
型号	容量	安装部位	数量/台	名称	型号规格	数量	名称	型号规格	数量
皮带									
型号规格		数量/条							
大修理完工日期		年　月　日		年　月　日		年　月　日		年　月　日	

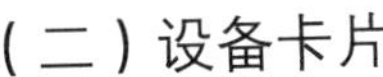

（二）设备卡片

设备卡片（表3-2和表3-3）的内容包括设备名称、型号、位号（现场编号）、安装时间、价值、功率、配套电机型号、安装时间等。

表3-2　设备卡片（正面）

年　月　日

<table>
<tr><td colspan="4">轮廓尺寸：　　长　　宽　　高</td><td colspan="3">质量：　　吨</td></tr>
<tr><td colspan="3">国别</td><td colspan="2">制造厂</td><td colspan="2">出厂编号</td></tr>
<tr><td rowspan="3">主要参数</td><td colspan="3" rowspan="3"></td><td colspan="3">出厂日期</td></tr>
<tr><td colspan="3">投产日期</td></tr>
<tr><td colspan="3">分类折旧年限</td></tr>
<tr><td rowspan="2">附属装置</td><td rowspan="2">名称</td><td rowspan="2">型号、规格</td><td rowspan="2">数量</td><td colspan="3">修理复杂系数</td></tr>
<tr><td>机</td><td>电</td><td>热</td></tr>
<tr><td></td><td></td><td></td><td></td><td></td><td></td><td></td></tr>
<tr><td></td><td></td><td></td><td></td><td></td><td></td><td></td></tr>
<tr><td></td><td></td><td></td><td></td><td></td><td></td><td></td></tr>
<tr><td></td><td></td><td></td><td></td><td></td><td></td><td></td></tr>
</table>

资产原值	资金来源	资产所有权	报废时净值
资产编号	设备名称	型号	设备分类

表3-3　设备卡片（背面）

电机	用途	名称	形式	功率/千瓦	转速	备注

<table>
<tr><td colspan="5">变动记录</td></tr>
<tr><td>年　月</td><td>调入单位</td><td>调出单位</td><td>已提折旧</td><td>备注</td></tr>
<tr><td></td><td></td><td></td><td></td><td></td></tr>
<tr><td></td><td></td><td></td><td></td><td></td></tr>
<tr><td></td><td></td><td></td><td></td><td></td></tr>
</table>

二、建立设备台账

设备台账是掌握企业设备资产状况，反映企业各种类型设备的拥有量、设备分布及其变动情况的主要依据。它一般有两种编排形式：一种是设备分类编号台账，它是以《设备统一分类及编号目录》为依据，按类组代号分页，按资产编号顺序排列，便于新增设备的资产编号和分类分型号统计；另一种是按照车间、班组顺序使用单位的设备台账，这种形式便于生产维修计划管理及年终设备资产清点。以上两种设备台账汇总，构成企业设备总台账。其内容有：设备名称，型号规格，购入日期，使用年限，折旧年限，资产编号，使用部门使用状况等，以表格的形式做出来，每年都需要更新和盘点。

（一）设备台账的准备工作

企业建立设备台账，必须先建立和健全设备的原始凭证，如设备的验收移交单、调拨单（表3-4）、报废单等，依据这些原始单据建立和登载各种设备台账。并要及时了解设备资产的动态，为清点设备、进行统计和编制维修计划提供依据，以提高设备资产的利用率。

表3-4　设备调拨单

日期：　　年　月　日

<table>
<tr><th colspan="3">序号</th><th colspan="3">设备编号</th><th colspan="3">设备名称</th><th colspan="3">设备使用状况</th></tr>
<tr><td colspan="3"></td><td colspan="3"></td><td colspan="3"></td><td colspan="3"></td></tr>
<tr><td colspan="3"></td><td colspan="3"></td><td colspan="3"></td><td colspan="3"></td></tr>
<tr><td colspan="3"></td><td colspan="3"></td><td colspan="3"></td><td colspan="3"></td></tr>
<tr><td colspan="3"></td><td colspan="3"></td><td colspan="3"></td><td colspan="3"></td></tr>
<tr><td colspan="3"></td><td colspan="3"></td><td colspan="3"></td><td colspan="3"></td></tr>
<tr><td colspan="3"></td><td colspan="3"></td><td colspan="3"></td><td colspan="3"></td></tr>
<tr><td colspan="2">调出部门</td><td colspan="2"></td><td colspan="2">调出部门设备保管人</td><td colspan="2"></td><td colspan="2">调出部门负责人</td><td colspan="2"></td></tr>
<tr><td colspan="2">调入部门</td><td colspan="2"></td><td colspan="2">调入部门设备保管人</td><td colspan="2"></td><td colspan="2">调入部门负责人</td><td colspan="2"></td></tr>
<tr><td colspan="3">设备部管理员</td><td colspan="3"></td><td colspan="3">设备部负责人</td><td colspan="3"></td></tr>
</table>

注：此单一式三份，一份调出部门保存，一份调入部门保存，一份设备部留存。

（二）设备台账的编制

设备台账主要有两种编制形式。

1.按照设备分类编号台账

即以《设备统一分类及编号目录》为依据，按类组代号分页，按资产编号顺序排列，这样做便于新增设备的资产编号和分类分型号的统计。

2.按设备使用部门顺序排列编制

主要是建立设备使用单位的设备台账，便于生产和设备维修计划管理及进行设备清点。

以上两种台账分别汇总，构成企业设备总台账。这两种台账可以采用同一种表格，如表3-5所示。

表3-5　设备台账

设备类别：　　　　　　　　　　　　　　　　　　　　单位：

序号	资产编号	设备名称	型号	设备分类	复杂系数			配套电机		总量/吨	制造厂商	轮廓尺寸	出厂编号	制造日期	进厂日期	验收日期	投产日期	安装地点	折旧年限	设备原值/万元	进口设备合同号	随机附件数	备注
					机	电	热	台	千瓦														

三、建立设备档案

设备档案资料是设备制造、使用、管理、维修的重要依据，有助于保证设备维修工作质量、使设备处于良好的技术状态，提高使用、维修水平。

（一）设备档案的内容与范围

设备档案是设备管理最基础的工具，档案上必须反映设备结构、性能、使用方法和运行保养状态等内容。一个企业自己设计、研制的专用设备仪器的档案材料，包括在设计、研制、试验和制造过程中形成的科技文件，以及该项设备仪器在安装、使用、维护、检修和改造过程中形成的科技文件。外购设备仪器的档案材料，主要内容有设备仪器的购置文件（表3-6）、随机文件和安装、使用以后形成的科技文件，如设备仪器技术经济计算文件、订购合同书；设备仪器图册、说明书、合格证、装箱单、配件目录、安装规程；设备安装记录、试车验收记录和总结、运行记录（表3-7）、事故记录和检查记录、使用分析表、履历表、改造记录和总结等。

表3-6　设备记录卡

设备名称	
设备编号	
规格	
型号	
生产厂家	
单价/万元	
出厂日期	
购入日期	
使用单位	
存放地点	
管理人员	

表3-7　设备运行记录

运行时间	年　月　日　　时至　　时
使用人员	
工作内容：	
运行情况记录：	

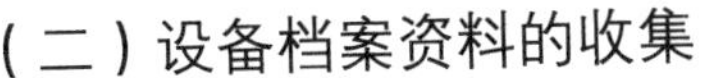

（二）设备档案资料的收集

设备管理部门负责图纸资料的收集工作，将设计通用标准、检验标准、设备说明书以及各种型号的设备制造图、装配图、重要易损零件图配置完整。

新设备进公司，开箱时应通知资料员及有关人员收集随机带来的图纸资料，如果是进口设备需提请主管生产（设备）的领导组织翻译工作。随机说明书上的电气图，在新设备安装前必须复制，以指导安装施工，原图分级妥善保管。

设备检修与维修期间，由设备管理部门组织车间技术人员及有关人员对设备的易损件、传动件等进行测绘，经校对后将测绘图纸汇总成册存档管理。

随机带来的图纸资料及外购图纸和测绘图纸由设备管理部门组织审核校对，发现图纸与实物不符，必须做好记录，并在图纸上修改。设备管理部门组织将全公司设备常用图纸如装配图、传动系统图、电气原理图、润滑系统图等，进行复制后供生产车间维修使用，原图未经批准一律不外借或带出资料室。

（三）设备档案资料的整理

所有进入资料室保管的蓝图，资料员必须经过整理、清点编号、装订（指蓝图），登账后上架妥善保管。

图纸入资料室后必须按总图、零件、标准件、外购件目录、部件总图、零件的图号顺序整理成套，并填写图纸目录和清单，详细记明实有张数，图面必须符合国家制图标准，有名称、图号，有设计、校对、审核人签字。

（四）设备档案资料管理的具体要求

① 技术文件应力求齐全、完整、准确。

② 检验（检测）、检修、验收记录等资料由设备动力科分管人员做分类整理后交资料员进行集中统一管理。

③ 所有图纸都要有统一的编号。

④ 图纸上的各项技术要求标注齐全，图纸清晰。

⑤ 型号相同的设备，因制造厂和出厂年份不同，零件尺寸可能不同，应与实物核对，并在图纸索引中加以注明。

⑥ 设备经改装或改造后，图纸应及时修改。

⑦ 图纸的修改应表示在底图上，并在修改索引上注明。

⑧ 凡原制造厂的图纸，一律沿用原制造厂的编号。

（五）图纸资料的借阅管理规定

① 资料管理员认真按“图纸资料借阅登记表”填写名称、图号、张数、借阅时

间、借阅期限等项。

② 借阅人在“图纸资料借阅登记表”签字栏签字。

③ 对于绝密文件资料，资料管理员需报请设备管理部门负责人批准后方可借阅。

④ 资料借阅时间要事先有规定，借阅期满，资料管理员应催收。需继续借阅者，应办顺延手续，该归还不归还或遗失、损失者，由设备管理部按其损失做估价赔偿。

第四章 开展TPM全员生产维修

导读

TPM，在中国被称为全员生产维修，是一种维修工作流程，也是一种生产现场设备的日常“防感冒医疗技术”，其目的在于提高生产率。TPM使设备保养、维修成为工厂管理中的一项日常工作，而不会被认为是与生产不相干的事情。TPM在某些情况下甚至可以作为生产过程的一个完整部分。这样做就是为了将意外情况和非计划维修工作带来的损失降到最低限度。

学习目标

1.了解什么是TPM、TPM的起源、TPM的沿革、TPM的特点和目标及实施TPM的益处。

2.了解实施TPM所需要的支柱活动、TPM推行的一般步骤，掌握这些活动和步骤的具体操作方法、要求。

学习指引

序号	学习内容	时间安排	期望目标	未达目标的改善
1	什么是TPM			
2	TPM的起源			
3	TPM的沿革			
4	TPM的特点和目标			
5	实施TPM的益处			
6	实施TPM所需要的支柱活动			
7	TPM推行的一般步骤			

一、什么是TPM

TPM是英文Total Productive Maintenance的缩写，中文译名为全员生产维护，又译为全员生产保全。它是以提高设备综合效率为目标、以全系统的预防维修为过程、以全体人员参与为基础的设备保养和维修管理体系。

（一）TPM的英文含义

TPM的英文含义如图4-1所示。

图4-1　TPM的英文含义

（二）TPM的其他含义

近来，TPM中的“P”和“M”被赋予了一些新的含义，其中的“Productive Management”具有代表性，可称为全面生产管理，它是指在传统全员生产维护的基础上扩充至整体性的参与，以追求所使用设备的极限效率而培养出企业抵抗恶劣经营环境的体制，如图4-2所示。

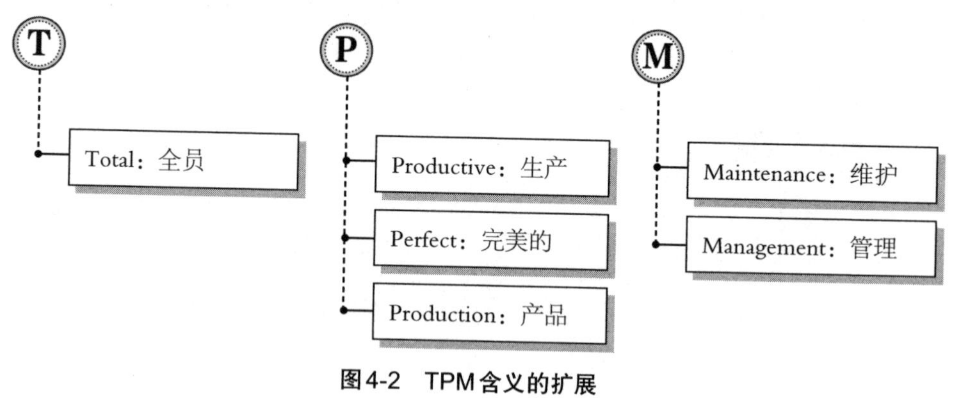

图4-2　TPM含义的扩展

（三）TPM定义的进一步解释

TPM是日本企业首先推行的设备管理维修制度，它以达到最高的设备综合效率为目标，确立以设备全寿命周期为对象的生产维修全系统。

TPM涉及设备的计划、使用、维修等所有部门，是从最高领导到第一线工人全员参加，依靠开展小组自主活动来推行的生产维修活动。

T——全员、全系统、全效率。

PM——生产维修，包括事后维修、预防维修、改善维修、维修预防。

（四）TPM究竟是什么

下面以一个典型事例来说明TPM究竟是什么（图4-3）。

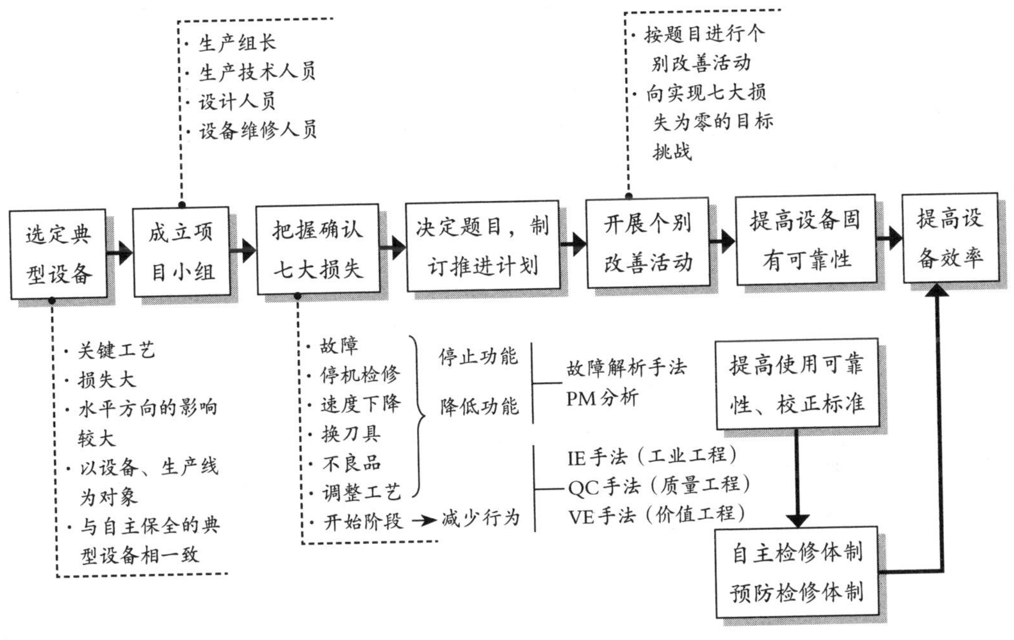

图4-3　TPM事例说明

TPM的具体含义有如下四个方面：

① 以追求生产系统效率（综合效率）的极限为目标，实现设备的综合管理效率即OEE的持续改进；

② 从改变意识到使用各种有效的手段，构筑能防止所有灾害、不良、浪费发生的体系，最终构成“零灾害、零不良、零浪费”的体系；

③ 从生产部门开始实施，逐渐发展到开发、管理等所有部门；

④ 从最高领导到一线操作人员，全员参与。

TPM活动由“设备保全”“质量保全”“个别改进”“事务改进”“环境保全”“人才培养”六个方面组成，对企业进行全方位的改进。

相关知识

TPM与TnPM

TnPM是在TPM基础上发展起来的，其目标性更强、更加准确，是规范化下TPM的实际应用，具有更加具体的操作要求。

全面规范化生产维护（Total Normalized Productive Maintenance，TnPM）是规范化的TPM，是全员参与的、步步深入的，通过制定规范、执行规范、评估效果、不断改善来推进的TPM。TnPM是以设备综合效率和完全有效生产率为目标，以全系统的预防维修为载体，以员工的行为规范为过程，以全体人员参与为基础的生产和设备保养维修体制。

二、TPM的起源

TPM起源于全员质量管理（Total Quality Management，TQM）。

当TQM要求将设备维修作为其中一项检验要素时，发现TQM本身并不适合维修环境。这是由于当时人们重视的是预防性维修（PM）措施，而且采用PM技术制订维修计划以保持设备正常运转的技术业已成熟。然而，在需要提高或改进产量时，这种技术时常导致对设备的过度保养。它的指导思想是："如果有一滴油能好一点，那么有较多的油应该会更好。"这样一来，要提高设备运转速度必然会导致维修作业增加。

在日常的维修过程中，很少或根本就不考虑操作人员的作用，对维修人员的培训也仅限于并不完善的维修手册规定的内容，并不涉及额外的知识。

许多公司逐渐意识到仅仅通过对维修进行规划来满足制造需求是远远不够的。要在遵循TQM原则的前提下解决这一问题，需要对最初的PM技术进行改进，以便将维修纳入整个质量管理过程中。

TPM最早是由一位美国制造人员提出的，但将其引入维修领域则是日本的汽车电子组件制造商——日本电装在20世纪60年代后期实现的。后来，日本工业维修协会干事中岛清一对TPM做了界定并推广应用。

TPM是在全员质量管理（TQM）、准时制生产（JIT）等现代企业管理基础上逐渐形成的，并成为当代企业管理的重要组成部分，其演化过程如图4-4所示。

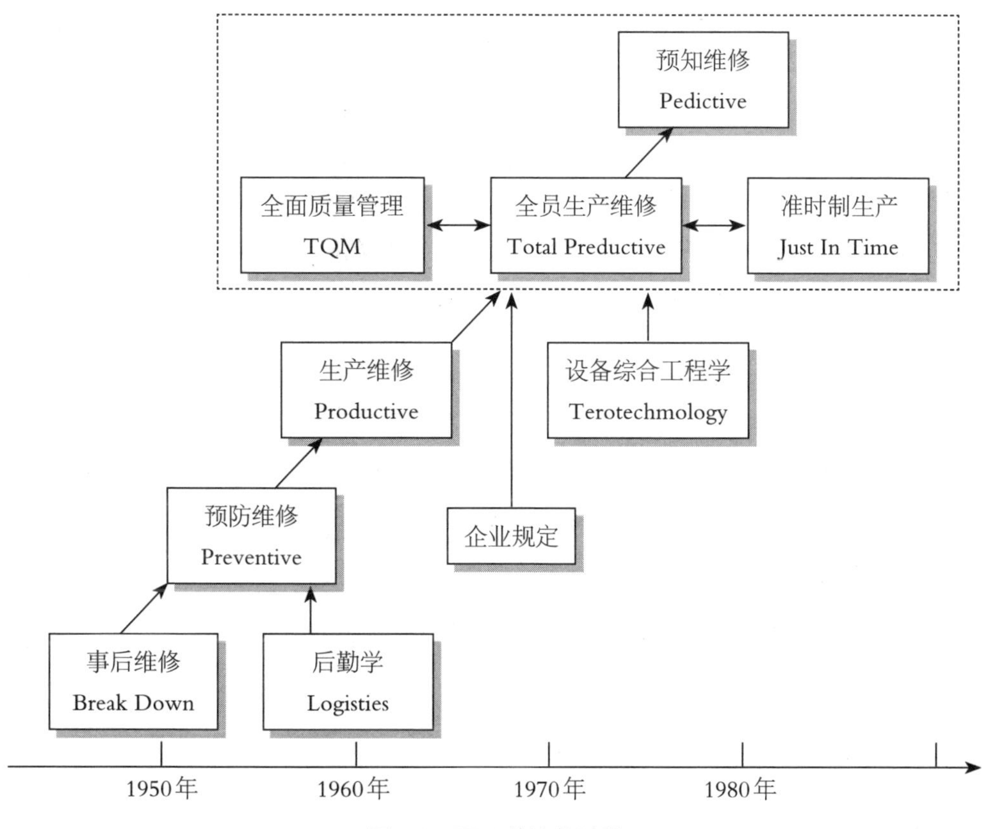

图4-4 TPM的演化过程

三、TPM的沿革

第二次世界大战（以下简称二战）后日本的设备管理大体经历以下四个阶段：事后修理阶段、预防维修阶段、生产维修阶段和全员生产维修阶段。

（一）事后修理（BM）阶段（1950年以前）

日本在二战前、二战后的企业以事后维修为主。二战后一段时期，日本经济陷入瘫痪，设备破旧，故障多，停产多，维修费用高，使生产的恢复十分缓慢。

（二）预防维修（PM）阶段（1950 ~ 1960年）

20世纪50年代初，受美国的影响，日本企业引进了预防维修制度。对设备加强检查，设备故障早期发现，早期排除，使故障停机大大减少，降低了成本，提高了效率。在石油、化工、钢铁等流程工业系统，效果尤其明显。

（三）生产维修（PM）阶段（1960 ~ 1970年）

日本生产一直受美国影响，随着美国生产维修体制的发展，日本也逐渐引入生产维修的做法。这种维修方式更贴近企业的实际，也更经济。生产维修对部分不重要的设备仍实行事后维修（BM），避免了不必要的过剩维修。同时对重要设备通过检查和监测，实行预防维修（PM）。为了恢复和提高设备性能，在修理中对设备进行技术改造，随时引进新工艺、新技术，这也就是改善维修（CM）。

到了20世纪60年代，日本开始重视设备的可靠性、可维修性设计，从设计阶段就考虑到如何提高设备寿命，降低故障率，使设备少维修、易于维修，这也就是维修预防（MP）策略。维修预防的目的是使设备在设计时，就赋予其高可靠性和高维修性，最大可能地减少使用中的维修，其最高目标可达到无维修设计。日本在60 ~ 70年代是经济大发展的10年，家用设备生产发展很快。为了使自己的产品在竞争中立于不败之地，他们的很多产品已实现无维修设计。

（四）全员生产维修（TPM）阶段（1970年至今）

TPM（Total Productive Maintenance）又称全员生产维修体制，是日本前设备管理协会（中岛清一等人）在美国生产维修体制之后，在日本的Nippondenso（发动机、发电机等电气）电气公司试点的基础上，于1970年正式提出的。

在前三个阶段，日本基本上是学习美国的设备管理经验。随着日本经济的增长，在设备管理上一方面继续学习其他国家的好经验，另一方面又进行了适合日本国情的创造，这就产生了全员生产维修体制。这种全员生产维修体制，既有对美国生产维修体制的继承，又有英国综合工程学的思想。最重要的一点，日本人身体力行地把全员生产维修体制贯彻到底，并产生了突出的效果。

四、TPM的特点和目标

（一）TPM的特点

TPM的特点就是三个“全”，即全效率、全系统和全员参加。

1.全效率

全效率，是指设备寿命周期费用评价和设备综合效率。

2.全系统

全系统即指生产维修的各个侧面均包括在内，如预防维修、维修预防、必要的事后维修和改善维修。

3. 全员参加

全员参加即指这一维修体制的群众性特征，从公司经理到相关科室，直到全体操作工人都要参加，尤其是操作工人的自主小组活动。

TPM三个“全”之间的关系如图4–5所示。

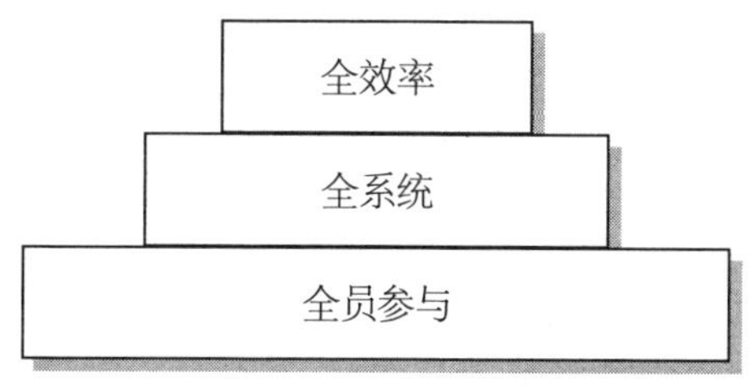

图4-5 TPM三个“全”之间的关系

TPM的主要目标就落在“全效率”上，“全效率”在于限制和降低六大损失：

① 设备停机时间损失（停机时间损失）；

② 设置与调整停机损失；

③ 闲置、空转与短暂停机损失；

④ 速度降低（速度损失）；

⑤ 残、次、废品损失，边角料损失（缺陷损失）；

⑥ 产量损失（由安装到稳定生产间隔）。

有了这三个“全”字，使生产维修更加得到彻底的贯彻执行，使生产维修的目标得到更有力的保障。这也是日本全员生产维修的独特之处。

（二）TPM的目标

随着TPM的不断发展，日本把这种从上到下、全系统参与的设备管理系统的目标提到更高水平，又提出：“停机为零、废品为零、事故为零、速度损失为零”的奋斗目标，如图4–6所示。

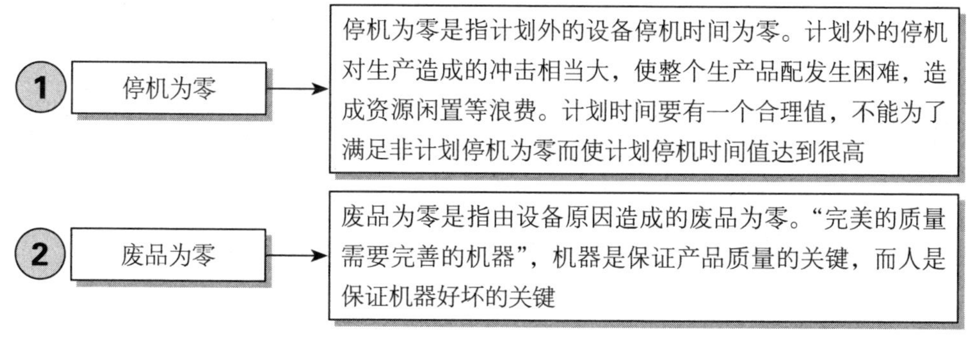

图4-6

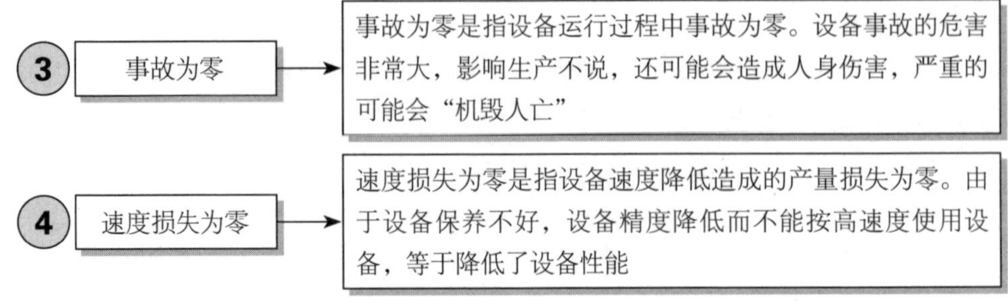

图4-6　TPM的“四零”目标

五、实施TPM的益处

在企业管理中，设备管理是企业生产经营的基础，是企业产品质量的保证，是提高企业效益的重要途径，是做好安全生产和环境保护的前提，是企业长远发展的重要条件。作为现代设备管理的TPM，对提高企业的整体素质，促进企业的不断发展，起着十分重要的作用。

TPM管理有四大目标：浪费为零、不良为零、故障为零、灾害为零，不断向浪费、缺陷挑战。TPM管理就是精益管理，是一种夯实企业基础管理的盈利管理。

（一）有助于企业可持续发展的核心能力提升

生产现场的设备管理是TPM管理主要的实践对象，TPM管理总体划分为七个阶段：初期清扫、发生源/困难源对策、制定基准书、总点检、自主点检、工程品质保证、自主管理，每一阶段的开展都要围绕设备注入很多的现场实用知识。比如，一阶段“初期清扫”活动的主要目的就是要通过对设备进行清扫，在员工和管理者的观念中树立清扫就是点检的概念，通过设备清扫活动培育员工学会观察和理解设备；分析设备的某一部位产生的缺陷会对产品品质造成什么影响，从而促进设备的操作者学会系统思考；能够查找问题，提出改善提案并自我实施；让员工掌握利用QC（Quality Control，质量控制）七大手法开展小组主题活动，眼睛盯住员工熟悉的生产线场，一点一滴地开展改善活动。设备缺陷治理、设备自动化改造、设备防错改造，解决一个问题，标准化一个问题，用标准创造价值。值得肯定的是通过小组活动培育的是问题意识和改善意识，收获的是企业可持续发展的核心能力。

（二）TPM活动强化了设备管理

设备管理一般可分为：设备分类、设备性能鉴定、设备目视诊断技术、设备点检、设备预防性维护计划、关键设备备件储备等内容。TPM活动就是要将设备管理的

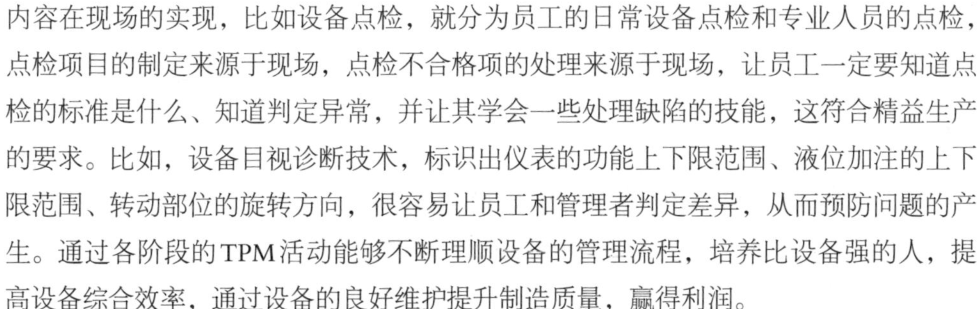

内容在现场的实现，比如设备点检，就分为员工的日常设备点检和专业人员的点检，点检项目的制定来源于现场，点检不合格项的处理来源于现场，让员工一定要知道点检的标准是什么、知道判定异常，并让其学会一些处理缺陷的技能，这符合精益生产的要求。比如，设备目视诊断技术，标识出仪表的功能上下限范围、液位加注的上下限范围、转动部位的旋转方向，很容易让员工和管理者判定差异，从而预防问题的产生。通过各阶段的TPM活动能够不断理顺设备的管理流程，培养比设备强的人，提高设备综合效率，通过设备的良好维护提升制造质量，赢得利润。

（三）促使企业走上精益之路

TPM活动强调“全员、全过程、全系统”的参与。全员强调的是从总经理到一线操作员工全体参与；全过程强调的是从客户需求信息的输入到企业生产管理活动，再到交付顾客满意产品的输出，都属于TPM活动的过程；全系统强调的是无论生产流程或者是管理流程都要不断地革新，从而达成经营的革新，促使企业走上精益之路。

（四）夯实了现场基础

TPM管理是一种实用工具，极其重视5S和小组活动两大基石，让员工通过小组活动做好5S，TPM管理就夯实了基础。但很多企业没能通过TPM活动激活员工参与的积极性，员工在活动中感悟不到TPM活动带来的好处，5S又没能坚持做好，造成了TPM管理活动的成效不大。

（五）有助于提升士气

TPM活动成功的八大支柱，就是希望通过TPM活动建立优秀的团队，培育员工和管理者主动工作及承担责任的意识，学会跨部门管理，容忍失败，鼓励创新，从而创造鲜活的管理现场。生产活动的目的是为了提高生产效率，即以较小的输入获得较大的输出，这里所指的输出不仅是提高产量，而且包括了提高质量、降低成本、保证交货期，同时还包括了安全环境保护和员工士气。PQCDSM（生产——Productive、质量——Quality、成本——Cost、交期——Delivery、安全——Safety、士气——Morale）等方面的输出无不与设备有关，因此其设备管理的重要性随着TPM管理活动的深入越来越凸显。

（六）提高设备的综合效率，降低生产成本

如何提高设备的综合效率，降低因设备维护不良造成的“六大损失”（开机准备

的损失、不良返工的损失、速度降低的损失、瞬间停止的损失、转换调整的损失、设备故障的损失）成为设备管理部门的一大课题。这一大课题在TPM管理活动可以通过生产线小组的主题活动和管理人员的课题活动，有组织、分节点地去解决。

六、实施TPM所需要的支柱活动

企业要达到TPM的目的，必须开展以下八项活动，这称为“开展TPM的八大支柱”。

（一）开发管理活动

没有缺点的产品和设备的设计是研究开发、技术部门的天职，能实现的唯一可能就是掌握产品设计和设备设计必要的情报，要获取必要的情报就离不开生产现场和保全及品质部门的支持，因此这种活动就是情报管理活动，设备安装到交付正常运行前的初期流动管理活动也属于此活动的范畴。TPM管理是通过以缩短生产周期为目的的产品革新，缩短实验时间，从产品开发到产品销售、废止进行管理及改善。

（二）自主保全活动

该支柱是指对生产人员进行培训，使其能够应对一些简易维修问题，这样就能使专业维修人员有更多时间致力于更有价值和更具技术性的修理工作，而生产人员则负责设备维护，避免其劣化。所有的产品几乎都是从设备上生产出来的，现在的生产更加离不开设备，完全手工作业的企业几乎不存在。做好设备的管理是提高生产效率的根本途径，提高人员的技能和素质也是为了更好的操作及控制设备，因此对设备管理的职能进行细分是必要的，是企业必须面对的核心问题之一。将设备的传统日常管理内容移交给生产部门推进设备的自主管理，而专门的设备维修部门则投入精力进行预防保全和计划保全，并通过诊断技术来提高对设备状态的预知力，这就是自主保全活动。

TPM活动的最大成功在于能发动全员参与，如果占据企业总人数约80%的制造部门员工能在现场进行彻底的自主管理和改善的话，必然可以提高自主积极性和创造性，减少管理层级和管理人员，特别是普通员工通过这样的活动可以参与企业管理，而且能够提高自身的实力。所以自主管理活动是TPM的中流砥柱。

（三）设备计划保全活动

计划保全是通过设备的点检、分析、预知，利用收集的情报，早期发现设备故障停止及性能低下的状态，按计划树立对策实施的预防保全活动和积极地运用其活动中

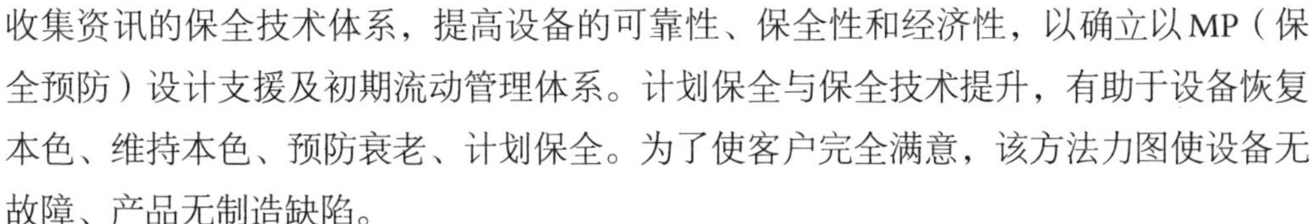

收集资讯的保全技术体系，提高设备的可靠性、保全性和经济性，以确立以MP（保全预防）设计支援及初期流动管理体系。计划保全与保全技术提升，有助于设备恢复本色、维持本色、预防衰老、计划保全。为了使客户完全满意，该方法力图使设备无故障、产品无制造缺陷。

（四）安全与环境保全活动

安全是万事之本，任何活动的前提都是首先要确保安全。安全活动从5S活动开始就始终贯穿其中，任何活动如果安全出现问题，一切等于零。

总体来说就是提升公司内部管理的满意度，从而提高4S，即ES（Employees Satisfaction，员工满意度）、SS（Social Satisfaction，地域社会的满意度）、CS（Consumer Satisfaction，顾客满意度）、GS（Gobal Satisfaction，全球满意度）。

（五）品质保全活动

该方法通过避免生产缺陷，向客户提供最优的质量以使其满意。重点在于通过系统化的方法消除不规范性，非常类似于重点改进。了解到设备的哪些零部件影响了产品质量，并开始着手消除当前的质量问题，然后再转向下一个潜在质量问题。这是一种从被动向主动的转换（质量控制转向质量保证）。

品质保全活动是为了使设备处于无质量缺陷状态，该理念的精髓是维修是为了使产品质量完好，而不是使设备完好。经常检查和测量状态，以确认检测值是否处于防止故障发生的标准值内。对检测值进行转换处理以预测事故发生的概率，并事先采取防范措施。

（六）个别改善活动

企业通过个别改善，消除Loss（损失）显在化，完善效率的评价机制，以及改善技术使得Loss定量化、体系化，鼓励全员参与改善。

（七）人才培训活动

人才培训的目的是培养新型的具有多种技能的员工，这些员工士气高昂，工作执着，能够高效和独立地完成各项工作。生产人员接受教育以提高技能。他们应当做到“不但知其然，还知其所以然”。他们根据个人经验，凭借“知其然”就能解决一些需要处理的问题。但是他们这样做并不知道问题的根源是什么，也不知道为什么要这样做，培训他们知道“所以然”就显得非常必要了。员工应当接受四个阶段的技能培训，其目的就是要使工厂内有很多专家。

（八）间接部门的业务效率化活动

TPM是全员参与的持久的集体活动，没有间接部门的支持，活动是不能持续下去的。其他部门的强力支援和支持是提高制造部门TPM活动成果的可靠保障，而且事务部门通过革新活动，不但提高业务的效率，提升服务意识，而且可以培养管理和领导的艺术，培养经营头脑和全局思想的经营管理人才。联合营业、事务、管理部门的职能提升与高效化，在管理流程中寻找无效的、重复的LOSS，并使之改善。

八大支柱的关联如图4-7所示。

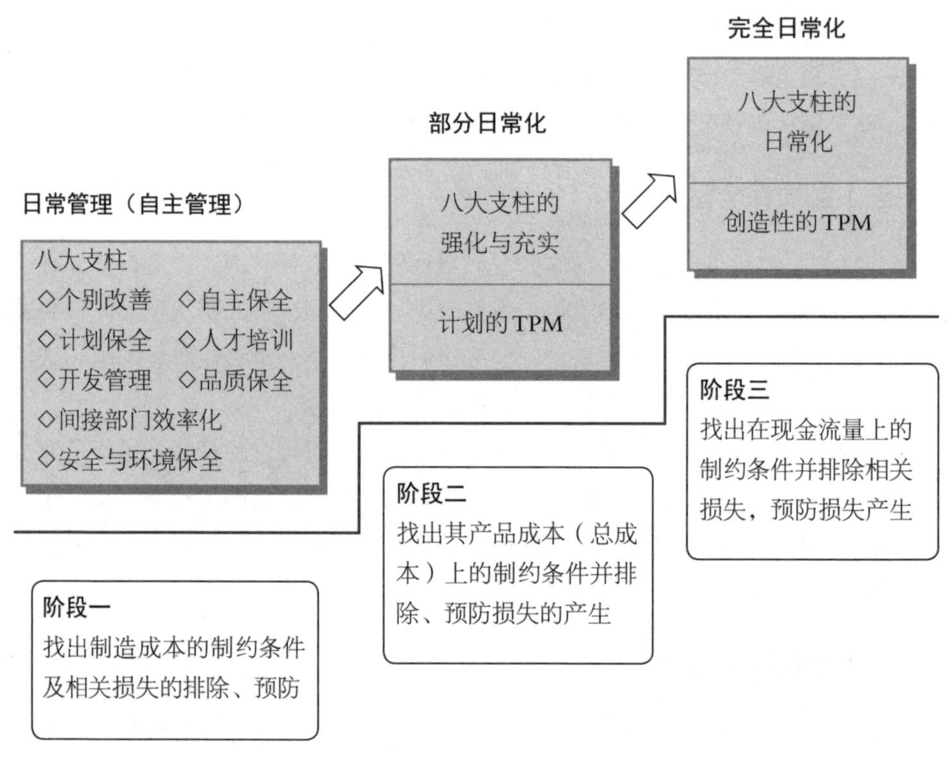

图4-7 八大支柱的关联

七、TPM推行的一般步骤

（一）对TPM活动实施宣传

1.企业高层管理者认可并有效传递

企业高层管理者的认识、意志是决定TPM活动能否成功开展的关键。企业高层管理者对活动的理解和认识不足是首先需要解决的问题。

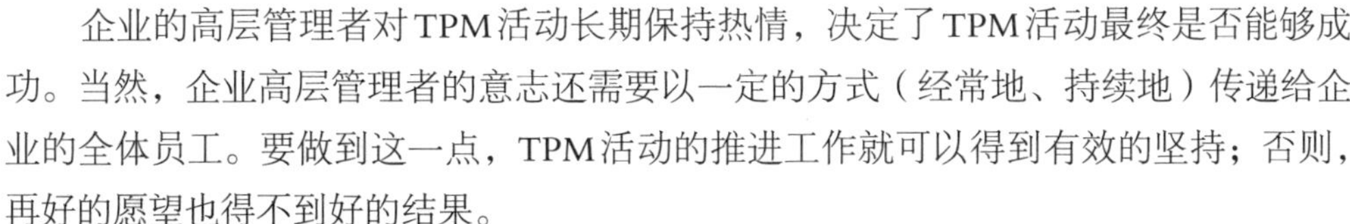

企业的高层管理者对TPM活动长期保持热情，决定了TPM活动最终是否能够成功。当然，企业高层管理者的意志还需要以一定的方式（经常地、持续地）传递给企业的全体员工。要做到这一点，TPM活动的推进工作就可以得到有效的坚持；否则，再好的愿望也得不到好的结果。

2.开展必要的宣传活动

为了营造一种适合于活动开展的气氛，宣传（标语、板报、报纸、横幅以及口号征集等）也是一个不可忽视的环节。

（二）实施TPM全导入培训

TPM是全员参与生产性保养，其核心是全员参与，因此TPM导入的全员培训是不可缺少的环节。开展这项活动时，对各个层次的员工进行系统的TPM培训，是很有必要的。

（三）建立组织

1.建立TPM活动的推进组织

TPM活动的有效推进，有赖于一个强有力的活动推行组织。一般来说，TPM活动组织包括全公司范围的推进委员会（主要由高层管理者和各部门负责人组成）、推进事务办公室以及各部门内部的活动推进组织。TPM推进组织具体的构成方式如下。

（1）企业TPM推进委员会

推进委员会由企业的高层管理者组成，主要包括企业最高负责人，如董事长或总经理和企业各部门负责人。董事长或总经理一般就是推进委员会的委员长。推进委员会主要负责制定活动方针、召集年度TPM大会以及重要推进事项的审议和决策。

（2）TPM推进事务办公室

推进事务办公室是为了活动推进而设立的一个常设机构。较大规模的企业，可以任命数名专人负责推进事务办公室的工作，而较小的企业则可以任命兼职人员来负责这项工作。

推进事务办公室负责全公司TPM活动的计划、目标制定、员工培训、各种活动任务的布置、活动的运营管理以及各种活动推进和相关事项的协调与处理等。

（3）部门活动组织

部门活动组织主要由公司任命的兼职人员组成，主要负责部门活动的推进和指导，配合事务办公室工作，以及对活动成果的总结等。

2.选择TPM活动推进人员

一般来说，活动推进人员首先应该是一位积极向上的人。其具体的选拔条件可由企业根据具体情况确定。

在具体确定推进人员时，可能会遇到人力资源不足的情况，这时就不能拘泥于企业制定的评价表，而要根据平时的考核结果来进行选拔。工作积极认真、行动力强、在员工中威信较高、有号召力等因素都可成为很好的活动推进人员的评价标准。

某企业TPM推进组织架构及职责

一、组织架构

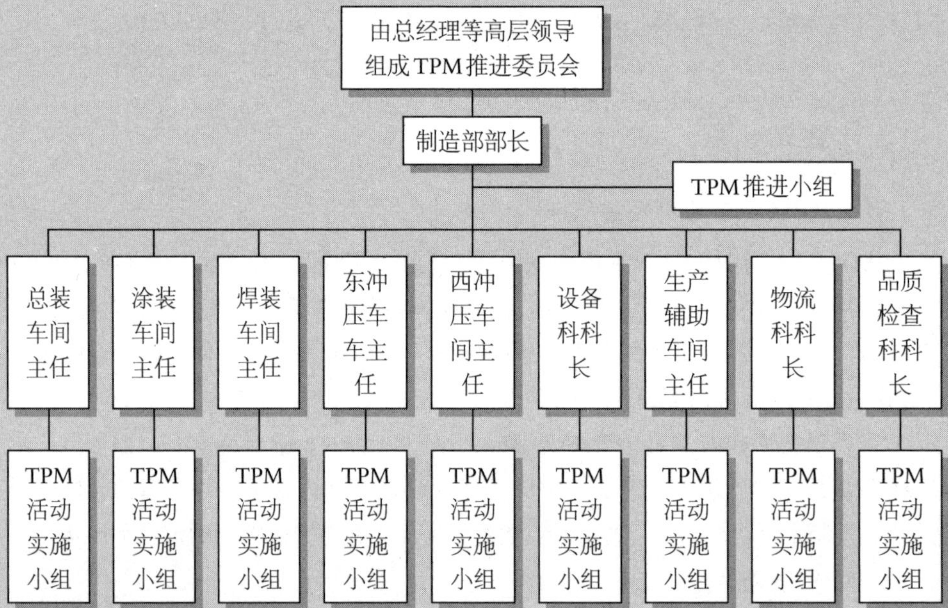

- 由总经理等高层领导组成TPM推进委员会
  - 制造部部长
    - TPM推进小组
    - 总装车间主任 —— TPM活动实施小组
    - 涂装车间主任 —— TPM活动实施小组
    - 焊装车间主任 —— TPM活动实施小组
    - 东冲压车车主任 —— TPM活动实施小组
    - 西冲压车间主任 —— TPM活动实施小组
    - 设备科科长 —— TPM活动实施小组
    - 生产辅助车间主任 —— TPM活动实施小组
    - 物流科科长 —— TPM活动实施小组
    - 品质检查科科长 —— TPM活动实施小组

二、组成成员职责

1.公司经理层推进委员会提供资源支持，对TPM推行情况进行指导并参与推进过程的效果诊断。

2.制造部部长负责对TPM推进过程中的问题解决方法进行指导，负责对TPM推进效果进行诊断并指明方向。

3.由制造部组织建立TPM推进小组，TPM推进小组负责本规定的制定，并确保各部门依据本方案开展各项工作，TPM推进小组是全公司TPM推行的直接管理归口组织，负责公司TPM管理具体工作的开展，制订年度、月度、工作计划及项目实施，负责项目推进过程中对有关TPM项目提出考核，报人力资源部实施，

TPM推进小组成员具有奖惩权利。

4.各车间主任依据TPM推进小组制订的计划负责本部门TPM工作开展方向的指导。

5.人力资源部负责考核结果的薪资核算，负责TPM文化的宣传，TPM推进小组负责配合工作。

6.全厂各车间、科室负责建立相应的TPM推进组织结构，设立相关责任人，并依据TPM项目推进小组各项计划结合本部门实际情况制订本部门TPM项目计划，并组织实施，实现部门具体推进目标。

7.各部门以班组为单位成立TPM小组，制订实施本班组TPM项目计划。

（2）

某企业TPM推进组织机构及职责

一、总公司推进领导小组

1. TPM活动推进领导小组（以下简称领导小组）组成

组　长：

副组长：

成　员：

2. 领导小组主要职责

（1）负责TPM活动推进的领导工作，把握TPM活动推进的正确方向，审定、批准TPM活动推进实施规划及其他重要事项。

（2）负责召开专项会议研究解决总公司TPM活动推进实施过程中遇到的矛盾和问题，对TPM活动推进中的重大事项做出决策。

二、TPM活动推进办公室

1.机构组成人员

总公司TPM活动推进领导小组下设办公室，作为领导小组的办事机构，负责总公司TPM活动推进的日常工作。TPM活动推进办公室设在设备管理科，机构组成人员如下。

主　任：

副主任：

成　员：

2. TPM活动推进办公室主要职责

（1）负责TPM活动推进日常工作的组织协调。

（2）负责拟定TPM活动推进的规划、计划和管理办法等，并报领导小组批准后组织实施。

（3）负责各分公司TPM活动实施情况的检查、总结、考核与奖励。

（4）负责组织总公司TPM活动方针、活动理念、创新理念、推进精神的颁布和宣贯。

（5）负责总公司设备目视化管理的推行和规范使用。

（6）负责总结提炼TPM活动推进中优秀的OPL教育案例及改善案例，挖掘TPM活动推进的先进典型和优秀成果，培育和树立先进典型,充分发挥先进典型的榜样和激励作用。

三、分公司推进小组

1.各小组人员组成

总公司各分公司下设推进小组，作为TPM活动实施的推进机构，负责分公司TPM活动推进的日常工作。推进小组设在各分公司设备管理部门，各小组人员组成如下。

组　长：

副组长：

成　员：

2.推进小组主要职责

（1）负责TPM活动推进的日常工作的组织协调。

（2）负责拟定TPM活动推进的规划、计划和管理办法等，并报TPM活动推进办公室批准后组织实施。

（3）负责TPM活动实施情况的检查、总结、考核与奖励。

（4）负责组织分公司TPM活动方针、活动理念、创新理念、推进精神的颁布和宣贯。

（5）负责制定本单位TPM活动推进的管理规范、考评标准并实施，严格责任的落实，促使TPM活动推进工作的有序开展。

（6）负责分公司设备目视化管理的推行和规范使用，确保设备目视化管理标准的统一性和完整性。

（7）负责总结提炼分公司TPM活动推进中优秀的OPL教育案例及改善案例，

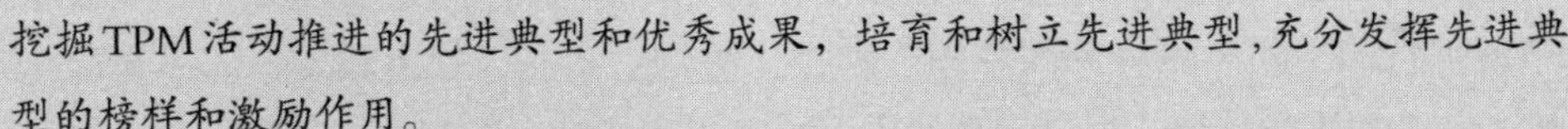

挖掘TPM活动推进的先进典型和优秀成果，培育和树立先进典型，充分发挥先进典型的榜样和激励作用。

（8）完成TPM活动推进办公室交办的其他工作。

（四）确定TPM活动推进内容

1.决定活动的方针和目标

要为员工描绘一个明确的活动目标，这个目标必须既有挑战性又有实际意义。特别要强调活动将给员工带来什么，如企业效益改善、员工可能得到的回报、工作环境的改善、工作及改善能力的提升等。目标设定要在对现状进行充分调查的基础上进行，不能盲目设定目标值。好的目标应该是那种经过努力可以实现的，又具有挑战意义的；不好的目标则相反，要么目标太高不切实际，要么目标太低没有挑战意义。

确定TPM活动方针和目标时，要考虑将企业的经营方针和目标进行整合。反过来，在设定企业经营方针、计划时，要明确指出TPM活动在企业经营活动中的地位和重要性。

2.制订TPM活动计划

导入TPM活动的过程中，企业TPM活动推进委员会应首先制作样板区或样板设备，再将样板区或样板设备的经验推广，获得以点带面的效果。制作样板区或样板设备的好处，就是通过局部的制作和改善，向企业上层和员工展示TPM活动的效果和成就，让企业高层管理者和员工对TPM活动满怀信心，并积极地投入到其开展之中。

3.提升员工自我改善能力

① 培育员工的自主性，给予员工自主实施的机会。

② 及时关注和指导，并及时帮助员工解决推进过程中遇到的困难。

③ 不要强制，要多做鼓动引导工作，并适时表达对活动过程和成果的认同。

④ 不要过于追求效果，而要着眼于员工的成长。

4.调动员工参与的积极性

调动员工参与活动的积极性、改善活动氛围是推进过程最关键的工作。如果做不到这一点，改善活动的效果将大打折扣，从而也就失去了全员参与的意义。

（五）TPM活动实施

1.6S实施活动

（1）设备6S管理的重要性

企业最本质、最重要，也最基础的工作在工作现场，是把蓝图变成产品的设备和员工所进行的工作。6S管理即整理、整顿、清洁、素养、规范和安全。逐步深化现场管理、改善工作环境、提高工作效率、提高员工素质、确保安全生产、保证产品质量正基于此。从现场管理来讲，设备可同时列为“污染源、清扫困难源、故障源、浪费源、缺陷源和危险源”（以下简称“六源”）。因此，做好设备6S管理，是一个重要方面。

在6S管理中，设备管理不只是清洁打扫设备，保持设备外观清洁。从更深的层次上讲还要预防、降低和消除设备“六源”。通过全员参与，在对设备进行清洁清扫的同时开展日常维护保养，按照一定的标准、一定的周期，在一定的部位进行检查维护，及早发现设备隐患并采取相应的措施，将其消除，从而延长设备正常运转时间，最终实现设备效率最大化目标。

（2）设备6S管理实施

在6S管理中，开展设备管理要从规范设备工作环境、预防和消除“六源”、规范设备现场的日常维护、建立健全规范的设备管理制度、提高员工素质以及建立考核体制等方面开展工作。

① 规范设备工作环境。根据设备特点和使用要求，建立和配置设备特殊工艺条件要求的环境设施；满足对湿度、洁净度等的要求；整理和整顿好设备工作环境及设备附件；认真区分工作场所中要与不要的物品。通过果断的行动，将不需要的物品处理掉，让生产现场和工作场所透明化，从而增大作业空间、减少碰撞事故、提高工作效率；把留下的有用东西加以定置、定位，按照使用频率和可视化准则，合理布置摆放，做到规范化、色彩标记化和定置化。

② 查找和设备有关的“六源”，并采取相应的措施。

a.查污染源。污染源是指由设备引起的灰尘、油污、废料、加工材屑等；更广范围的包括有毒气体、有毒液体、电磁辐射、光辐射以及噪声方面的污染。搜集这些污染源的信息后，通过源头控制，采取防护措施等办法将其解决。

b.查清扫困难源。清扫困难源是指设备难以清扫的部位，包括空间狭窄、没人工作的部位；设备内部深层无法使用清扫工具的部位；污染频繁，无法随时清扫的部位；人员难以接触的区域，如高空、高温、设备高速运转部分等。解决清扫困难源问题要控制源头，采取措施，使其不被污染，还要设计开发专门的清扫工具。

c.查危险源。危险源是指和设备有关的安全事故发生源。由于设备向大型、连续化方向发展，一旦出了事故，可能给企业乃至社会带来危害。安全工作必须做到“预防为主、防微杜渐、防患于未然”，必须消除可能由设备引发的事故。如检查设备使用的元器件是否符合国家有关规定，设备的使用维护修理规范是否符合安全要求等。对特种设备，如输变电设备、压力容器等设备，要严格按照国家的有关规定和技术标准，由有资质的单位进行定期检查和维修。

d.查浪费源。浪费源是指和设备相关的各种能源浪费。第一类浪费是“跑、冒、滴、漏”，包括漏水、漏油、漏电、漏气、漏气以及各种生产用介质等的泄漏；第二类是“开关”方面的浪费，如人走灯还亮，机器空运转，冷气、热风、风扇等方面的能源浪费等。要采取各种技术手段做好防漏、堵漏工作，要通过开关处提示，使员工养成良好习惯。

e.查故障源。故障源是指设备自身故障。要通过日常的统计分析，逐步了解和掌握设备故障发生的原因及规律，制定相应的措施以延长设备正常运转时间。如因润滑不良造成故障，应采取加强改造润滑系统的措施；因温度高、散热差引起故障，应通过加强冷风机或冷却水来实现等。

f.查缺陷源。缺陷源是指现有设备不能满足产品质量的要求。围绕保障和提高产品质量，寻找影响产品质量的生产或加工环节，并通过对现有的设备进行技术改造和更新来实现。

通过查出的“六源”，分门别类地采取相应的措施，实现对“六源”的消除、降低和预防。

③ 编制完善的现场工作规范，规范设备的各项管理制度。在日常使用中做到正确操作、合理使用、精心维护，及时发现设备存在的问题，并采取相应的措施，使设备经常处于完好状态。

在编制日常工作规范时，要组织技术骨干，包括设备部门、车间、维护组、一线生产技术骨干，选择典型机台、生产线、典型管理过程进行攻关，调查研究、摸清规律、进行试验，通过“选人、选点、选项、选时、选标、选班、选路”，制定适合设备现状的设备操作、清扫、点检、保养和润滑规范，确定工作流程，制定科学合理的规范。如果在保养检查中发现异常，操作人员自己不能处理时，要通过一定的反馈途径，将保养中发现的故障隐患及时报告到下一环节，直到把异常状况处理完毕为止，并逐步推广到企业所有机台和管理过程，最终达到台台设备有规范，个个环节有规范。设备工作规范做到文件化和可操作化，最好用目视板、图解方式加以宣传和提示。

④ 提高员工素质。除规范设备日常工作、做好设备管理工作外，还要从思想和技术培训上提高人员的素质。在员工的思想意识上首先要破除“操作人员只管操作，不管维修；维修人员只管维修，不管操作”的习惯；操作人员要主动打扫设备卫生和参加设备故障的排除，把设备的点检、保养、润滑结合起来，实现在清扫的同时，积极对设备进行检查维护以改善设备状况。设备维护修理人员认真监督、检查和指导使用人员正确使用、维护保养好设备。

进行人员培训。特种设备由国家有资质的劳动部门进行培训。使每个设备操作者真正达到“三好四会”（三好：管好、用好、修好。四会：会使用、会保养、会检查、会排除故障）。

⑤ 对设备管理工作进行量化考核和持续改进。6S管理中，实现提高员工技术素质，改善企业工作环境，有效开展设备管理的各项工作，要靠组织管理、规章制度，以及持续有效的检查、评估考核来保证；要将开展6S管理前后产生的效益对比统计出来，并制定各个阶段更高的目标，做到持续改进；要让企业经营者和员工看到变化及效益，真正调动全员的积极性，变“要我开展6S管理”为“我要开展6S管理”，避免出现一紧、二松、三垮台、四重来的现象。统计对比应围绕生产率、质量、成本、安全环境、劳动情绪等进行。设备进行考核统计指标主要有：规范化作业情况，以及能源消耗、备件消耗、事故率、故障率、维修费用和与设备有关的废品率等。根据统计数据，以一年为周期，不断制定新的发展目标，实行目标管理。要建立设备主管部门、车间、工段班组、维护组、操作人员等多个环节互相协助、交叉的检查考核体系。考核结果要同员工的奖酬、激励和晋升相结合。

2.设备点检

点检是指对设备的运行状态进行日常和周期性的确认，以及对设备进行日常和周期性的维护。随着点检工作的进行、点检经验的积累、技术水平的提高、维修备用品与维修工具条件的改善，需要对点检项目进行优化，以实现自主保全水平的提高和点检作业的效率化。本步骤工作的开展需要特别注意发挥员工的改善意识，“目视管理”活动和点检通道的设置是提高点检工作效率的有效手段。

3.改善总结

对有价值和典型意义的改善事例需加以总结，并作为改善成果进行交流和展示。

（1）改善事例总结内容

内容包括改善前的状况、改善方法、改善后的状况、从本改善事例中总结出的经验。

为了使成果的总结更直观可信，使用改善前后的照片也是一种较有效的方法。

（2）改善成果形式

改善活动成果的体现形式是多方面的。因此，在总结活动成果的时候，总结的模式也应该是多样化的。例如，制作个人改善事例集、制作改善活动专栏、交流优秀改善事例、课题改善效果总结以及报告会等。

4.建立制度

（1）制定活动方针及管理文件

自主保全活动的推进过程就是自主保全体制的建立过程。因此，一开始就应重视有关自主保全活动文件标准的制定，以明确职责，规范活动的开展，使活动最终形成

一种制度，能得到长期持续的开展。

（2）检查与纠正

对自主保全工作的实施是否符合管理标准的要求和计划的安排，必须进行定期监督检查；同时应明确工作发生偏离时的纠正措施，以减少由此产生的负面影响。

（3）诊断和认证

部门在认为自主保全体制得以建立，并能保障活动持续有效开展的情况下可向推进部门提出诊断申请；推进部门对申请部门自主保全体制进行诊断，符合规定要求时给予认证，发给认证证书，并定期进行复审。

诊断应重在审核自主保全体制是否有效运行，它是通过客观地获得证据并予以评价，以判定自主保全活动是否符合设备管理的要求和有关管理标准的规定，以及工作是否得到了正确实施的验证过程。

设备自主保全管理制度

1.目的

本制度规定了公司设备自主保全推进的工作程序、组织结构、人员职责、诊断评价等。

2.适用范围

本管理制度适用于公司所有生产设备、动能设备、计量设备和检测设备的自主保全管理和实施。

3.术语

3.1 TPM：全员参与的生产性保全活动，它是以提高设备综合效率为目标，以全系统的预防维护为过程,全体人员参加为基础的设备保养和维修体制。

3.2 自主保全：TPM装备管理工作之一。在生产活动过程中，激发操作者的自主管理意识，彻底实施清扫、点检、加油、紧固等基本作业，加强自主性管理，防止故障的发生，消除设备的各种浪费，提高保全意识和保全技能，保持设备的最佳技术状态。

4.管理理念与要求

4.1 管理理念：设备谁使用，谁维护保养；培养设备意识强的操作者，打造自己的设备自己维护的意识。

4.2 管理要求：维持设备应有的四种状态。

4.2.1 没有因为设备原因而导致产品不良。

4.2.2 在需要的时间能正常运转。

4.2.3 设备的寿命周期成本最小化。

4.2.4 安全、舒适、人性化的设备。

5. 设备自主保全组织机构及职责

5.1 公司设备自主保全领导小组

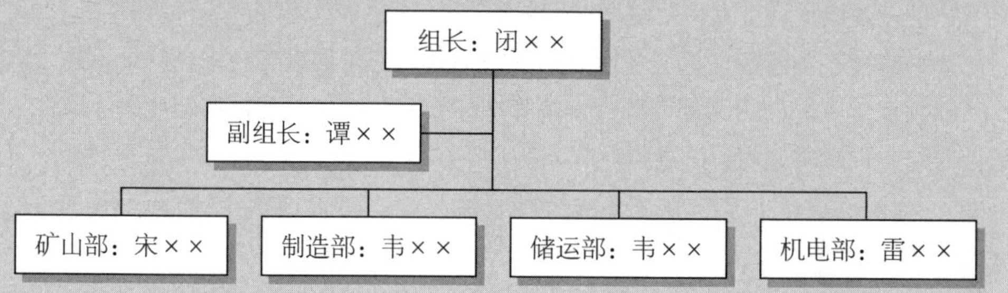

5.2 设备自主保全工作小组

矿山部：宋××（组长）、倪××、黄××、李××、刘××、王××。

制造部：韦××（组长）、韦××、李××、张××、陈××、吕××、王××。

储运部：韦××（组长）、刘××、滕××、黄××、徐××、黎××。

机电部：雷××（组长）、陆××、谭××、梁××、袁××、凌××、黄××。

5.3 公司设备自主保全领导小组

5.3.1 负责组织、协调、开展公司的设备自主保全管理工作。

5.3.2 负责公司设备自主保全工作的管理制度、标准的制定、培训、执行和指导。

5.3.3 负责对各生产部门设备自主保全工作的诊断和评价，并落实诊断和评价问题点对策。

5.3.4 负责设备自主保全各类基准书和技术标准的审核、发布。

5.4 设备自主保全工作小组

5.4.1 组长：负责组织、协调、开展本部门设备自主保全工作；负责检查、督促本部门自主保全工作的实施情况；每月至少组织、参加一次班组自主保全诊断工作。

5.4.2 工段长：负责本工段设备自主保全工作的组织、协调、推进、自诊断工作和PDCA管理及培训、指导工作。

5.4.3 部门设备技术管理人员：负责部门设备自主保全工作的管理制度、标准的制定、培训、执行和指导；负责部门设备自主保全工作的诊断和评价并落实诊断和评价问题点对策；负责编制设备自主保全各类基准书和技术标准。

5.4.4 操作工：执行各类自主保全基准书，持续开展自主保全活动。

6.管理规定

6.1 自主保全

6.1.1 自主保全活动准备

6.1.1.1 自主保全工作小组制订自主保全推进工作计划。

6.1.1.2 各生产设备使用部门自主保全小组可以结合“周保”、月定检或其他时间开展活动，每周至少开展一次两小时以上的自主保全活动。

6.1.1.3 每次自主保全活动前必须对参加人员进行教育培训和KYT［伤害预知预警活动的简称，这三个英文字母则是由危险（日语Kiken）的K、预知（日语Yochi）的Y、训练（英语Training）的T组合而成的］安全确认。

6.1.2 自主保全活动步骤

6.1.2.1 第一步：设备初期清扫

（1）完成设备结构图描绘、编制OPL单点教育表，培训并验证效果，制定初期清扫计划表。

（2）实施初期清扫：清除以设备主机为中心的垃圾和污垢，过程拍照（清扫前后比对）；整理设备周围的不需要、不明确、多余的东西，使设备整洁。清扫中发现设备隐患（裂缝、锈蚀、松动、变形、磨损），并贴标签记录，编写微缺点指摘表，编制清扫作业一览表和清扫确认单。按时通过部门内部和公司的初期清扫评审。

（3）要求收集现场的自主保全数据资料，做好日常数据统计、汇总，记录到自主保全活动板和过程表单上。

6.1.2.2 第二步：发生源及清扫困难源对策

（1）将初期清扫维持在良好水平，继续贴标签，巩固第一步成果。针对第一步列出设备脏污、漏气、漏水和漏油等发生源，找出污染发生源并进行源头改善和过程控制；列出清扫、点检、加油和紧固等困难源加以改善。

（2）制定发生源和困难点改善对策评估表（包括部门、公司评估），开展“五个为什么”的分析，找出真因，实施改善。

（3）循环开展垃圾和污垢的发生源、防止飞溅及清扫、点检、加油、再紧固等困难部位的改善和看得见改善内容及效果的活动。

（4）制作、标示设备自主保全目视化管理标签，维持改善成果。

6.1.2.3 第三步：设备保全基准制定

（1）编制清扫、点检、加油标准作业指导书和清扫、加油评估表（包括部门、公司内部评估），规定并遵守设备的维持和5S的基准，防止发生设备的强制劣化。

（2）修订临时清扫、点检、加油标准作业指导书及清扫、点检、加油记录表；建立防止再次发生不良、故障的流程；设备周围的整理、整顿。

（3）清扫、点检、加油标准作业指导书相关技能培训工作。

（4）清扫、点检、加油记录表的修订及其相关技能培训工作。

（5）对于加油、清扫、点检困难部位继续进行“5个为什么”分析，针对原因，拿出对策，持续改善。

6.1.2.4 第四步：总点检

（1）总点检工作主要针对螺栓、螺母、润滑、油压、空压、驱动、电气、安全、加工条件等方面进行，培养设备保全五大能力（即：异常发现能力、异常处理能力、条件设定能力、维持管理能力、设备强化能力）。

（2）理解设备构造及作用原理。

（3）设定总点检项目，绘制点检图和点检标记标识、制定点检程序并进行培训，制作员工点检技能饼分图和总点检标准作业说明书。

（4）开展设备总点检工作，编制总点检评估表并进行评估。

6.1.2.5 第五步：自主点检

（1）主要针对到步骤四为止的实施状况，如对设备的基本条件、准备情况、弱点部位的改良和对策等进行再确认，需要编写点检查验表，包括分工、周期。

（2）进行自主点检可视化展示，减少点检失误、提高点检效率，制作点检基准并持续优化与改进。

（3）实施自主点检工作，充分理解设备的性能、调整方法，明确发生异常的处理对策，提高操作的可靠性以维持设备状态。

（4）编制自主点检评估表并进行评估，经过自主点检，可以培养员工良好的习惯和能力，增强自主管理。

6.1.2.6 第六步：自主保全标准化

（1）编制清扫、加油、紧固检查作业标准，强化清扫、加油、紧固作业管理，保证防止设备劣化的基本条件满足；规范现场物料、工具管理标准化，充分运用目视化手段，减少操作失误，提高保全效率。

（2）持续开展自主保全工作，设备管理采用正式的清扫、点检、加油标准作业指导书及清扫、点检、加油记录表，日常运作，固化自主保全工作。充分利用设备保全记录，完善预防维护体系，并持续优化作业基准。

（3）编制设备自主保全标准化（整理整顿）诊断表并进行评估优化。

（4）各设备使用部门编制公司设备自主保全管理手册。

6.1.2.7 第七步：自主管理体制形成

（1）加强以自主保全、个别改善、团队改善为目标，实施MTBFF（即平均无故障工作时间，英文全称是Mean Time Between Failure）分析记录，探究根源问题，对设备进行改善。

（2）建立员工综合技能雷达图和饼分图，持续开展班组改善活动，推行第一步至第六步的习惯化、制度化。从现场排除浪费，以推行降低成本活动，彻底改变人员作风，使员工充满自信和成就感，能够持续自觉地进步。

（3）将“坚持自主保全”作为生产部门的工作任务，把“自主保全”确定为公司的管理方针，明确提出向“零事故、零故障、零短暂停机”的目标迈进。

6.2 自主保全工作诊断和评价

6.2.1 各工作小组必须建立本部门自主保全的推行计划，并用其督促、保证自主保全工作的有效开展。

6.2.2 各工作小组成员每周必须不少于一次组织、督促各班组开展自主保全活动并进行全面检查。

6.2.3 工作小组成员必须掌握自主保全的工作标准、方法，每周必须不少于一次对各班组进行的自主保全培训和指导，对不能给予答复的问题必须及时反馈到公司自主保全领导小组。

6.2.4 各工作小组每月必须对本部门自主保全工作的开展情况进行至少一次的过程诊断和评价，对发现的问题制定对策并改善。

6.2.5 领导小组对各生产部门每月自主保全工作情况进行检查评比，在公司设备管理例会上予以通报，并落实考核。

6.3 考核

6.3.1 公司自主保全领导小组每月定期组织对所有小组活动进行检查评比。

6.3.2 自主保全小组活动各阶段诊断按其评估表进行检查评分。

6.3.3 各部门每月的自主保全小组活动得分为本部门各小组得分的平均值，排名前两名的所在部门月度业绩考核分别奖励1分、0.5分。

6.3.4 每月评出一个优秀的自主保全小组，奖励200元，并奖励所在部门月度业绩考核1分。

6.3.5 各工作小组每月必须对本部门自主保全工作的开展情况进行至少一次过程诊断和评价，对发现的问题制定对策并改善，要求要有记录、图片展示和内容说明等。未按要求实施的扣所在部门月度业绩考核1分，每月评比进度与质量前两名的所在部门月度业绩考核分别奖励1分、0.5分。

6.3.6 未按计划开展设备自主保全活动的，扣除部门月度业绩考核1分/项。

附件：

设备自主保全活动20××年5～9月阶段性考核表

序号	项目内容	考核办法	考核部门
1	各试点部门建立本级的组织架构，制订本部门自主保全推行计划	5月15前建立组织架构，5月25日前制订本部门自主保全推行计划，报运行部备案，未完成的扣部门1分	运行部
2	学习培训辅导，各自主保全工作小组每月至少对本部门工段班组员工开展两次以上的学习培训和现场辅导活动	要求有记录（签字及照片），每月30日前完成，未按规定完成的扣所在部门1分	运行部
3	（1）试点项目编制设备结构图、OPL单点教育表并进行培训，编制初期清扫表并实施 （2）试点项目编制设备微缺点清单、清扫确认单，进行初期清扫部门评估	要求：培训与实施清扫要有现场照片和记录，5月21日前完成试点设备，未按要求完成的扣所在部门1分，每月评比进度与质量前两名的分别奖励所在部门1分、0.5分	运行部
4	进行试点设备点检、加油、坚固，编制污染发生源清单、清扫困难源清单以及污染源、清扫困难源对策评估表，制定和实施发生源、困难部位的对策	要求：5月29日前完成试点设备，未按要求完成的扣所在部门1分，每月评比进度与质量前两名的分别奖励所在部门1分、0.5分（记录、图片展示和内容说明）	运行部

续表

序号	项目内容	考核办法	考核部门
5	设备保全基准：编制清扫、点检、加油标准作业指导书和清扫、加油评估表	要求：6月15日前完成试点设备，未按要求完成的扣所在部门1分，每月评比进度与质量前两名的分别奖励所在部门1分、0.5分	运行部
6	非试点设备TPM活动的开展，公司A类设备自主保全覆盖率不低于20%	要求：6月30日前各部门上报非试点项目至运行部，未按要求完成的扣所在部门1分；7月30日前完成第一步初期清扫，8月30日前完成第二步点检、加油、紧固，9月30日前完成第三步公司设备自主保全管理手册编制。每月评比进度与质量前两名的分别奖励所在部门1分、0.5分（记录、图片展示和内容说明）	运行部

生产设备全员维护实践

生产设备的技术水平和装备水平，在一定程度上是生产水平的标志。生产设备的质量及其技术先进程度，直接影响着产品的质量、精度、产量和生产效率。全员设备维护也就是从经营层、管理层到全体作业员都要热情地参与到设备管理活动中来。

本篇主要由以下章节组成。

- 设备前期管理
- 实施设备点检
- 推行设备计划保全活动
- 设备维修管理
- 设备自主保全
- 设备个别改善
- 设备零故障管理
- 设备磨损补偿

第五章

设备前期管理

导 读

设备前期管理又称为设备的规划工程，是指设备从规划开始到投产这一阶段的管理。对设备前期各个环节进行有效的管理，将为设备后期的管理创造良好的条件。它对设备技术水准和设备投资技术经济效果具有重要作用。

学习目标

1.设备前期管理的含义、设备前期管理的负责人。

2.了解前期的各个环节——外购设备采购、设备安装、设备验收、设备场所布置，掌握各个环节的操作要求、要领、方法和细节事项。

学习指引

序号	学习内容	时间安排	期望目标	未达目标的改善
1	设备前期管理的含义			
2	设备前期管理的负责人			
3	外购设备采购			
4	设备安装			
5	设备验收			
6	设备场所布置			

一、设备前期管理的含义

设备的前期管理，就是企业对设备前期的各个环节包括技术和经济方面的全面管理。设备前期管理一般是指外购的设备和自制设备的管理。外购设备的前期管理主要包括选型采购、安装调试、验收等；自制设备的前期管理主要包括调查研究、规划设计、制造等。这里主要介绍外购设备的前期管理，如图5-1所示。

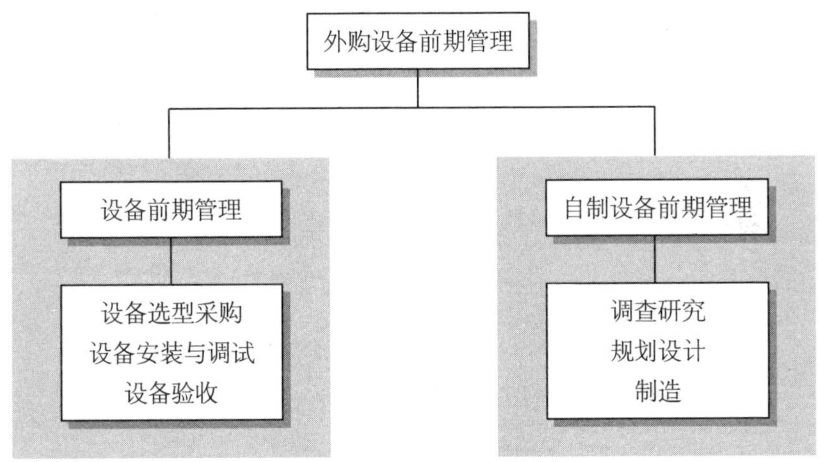

图5-1 外购设备前期管理

由于设备是生产经营的主要部分，所以设备的购买价格往往很高。如果购置设备中只是一次性使用或偶尔一次使用，则非常不经济。因此在购置设备时，一定要慎重。若是一次性使用或偶尔使用，则应考虑用租赁方式。另外，要注意设备的先进性、可靠性、维修性、节能性和操作性等方面的特征是否符合企业自身的要求。

二、设备前期管理的负责人

在企业设备副总经理的统筹安排下，各部门必须做好横向联系，密切配合、互相协调，共同做好设备前期管理。

（一）设备使用单位

① 进行设备可行性调查，提出设备更新改造申请计划。

② 参与和配合新设备的安装及调试验收。

③ 负责试车记录并提供设备有关信息。

（二）机动处

① 编制设备更新改造计划。

② 参加基建设施项目的设计审查。

③ 组织或参加更新、零购设备的可行性调查，非定型设备的设计审查。

④ 做好设备通用化、系列化、标准化的审查。

⑤ 负责设备购置、验收入库、保管和出库。

⑥ 提供购置设备的有关图纸、资料。

⑦ 组织企业内施工单位施工项目的设备安装、调试及交工验收。

（三）开发部

① 设备的设计及造型。

② 设备图纸、资料移交。

③ 收集设备使用信息。

（四）工程部

① 参加基建、设施项目的设计审查。

② 参加设备安装调试、试用验收和移交。

（五）财务部

① 筹备资金、进行资金平衡、控制资金的合理使用。

② 结算工程费用。

③ 进行设备改造过程的经济效果分析。

设备前期管理形式如图5−2所示。

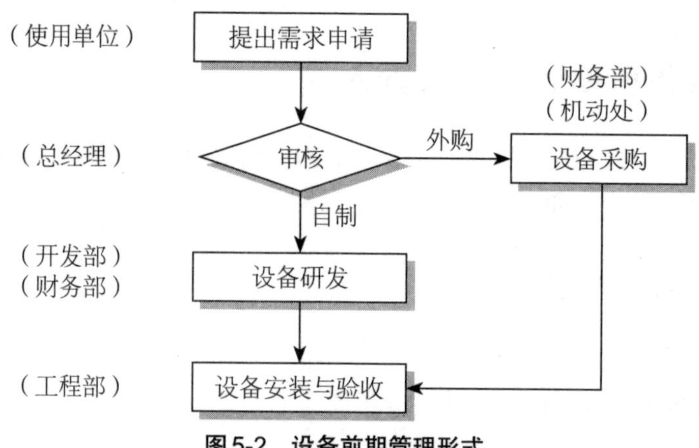

图5-2　设备前期管理形式

三、外购设备采购

（一）设备选购原则

选购设备应遵循技术上先进、经济上合理、生产上实用的原则，具体因素如下。

1. 生产性

生产性就是设备的生产效率。通常表示为设备在单位时间内生产的产品数量。企业在进行设备选型时，要根据自身条件和生产需要，选择生产效率较高的设备。

2. 可靠性

可靠性主要包括两个指标：设备的可靠度和生产的产品精度。可靠度指设备在规定的使用条件下，一定时间内无故障地发挥机能的概率。所以，企业应选择能生产高质量的产品和可靠度高的设备。

3. 安全性

安全性是指设备对生产安全的保障能力。企业一般应选择安装有自动控制装置的设备。

4. 可修性

可修性是指设备维修的难易程度。企业选择的设备要便于维修，为此应尽可能取得设备的有关资料、数据，或取得供方维修服务的保证。

5. 成套性

成套性是指设备在性能方面的配套水平。成套设备是机械、装置及其有关的其他要素的有机组合体。大型企业特别是自动化程度较高的企业越来越重视设备的成套性，选择配套程度高的设备利于提高生产。

6. 节能性

节能性是指企业设备节约能源的可能性。企业在选择设备时应购进能耗较少的设备。

7. 环保性

环保性是指设备的环保指标达到规定的程度。企业选用的设备噪声与“三废”排放较少，达到国家有关法规性文件规定的环保要求。

8. 灵活性

灵活性是指设备的通用性、多能性及适应性。工作环境易变、工作对象可变的企业在设备选型时应重视这一因素。

9.时间性

时间性是指设备的自然寿命、技术寿命。优良的设备使用期长、技术上较先进、不易很快被淘汰，企业应尽可能选用。

（二）设备选购经济考虑

进行设备管理是为了取得良好的投资效益，达到设备寿命周期费用的最佳化。为此，企业在考虑技术的先进性、适用性的同时，还应重视设备的经济评价，使之在经济上合理。设备的经济评价常用下列几种方法。

1.设备投资回收期法

（1）设备投资回收期法的定义

设备投资回收期法又称归还法或还本期法，常用于设备购置投资方案的评价和选择。它是指企业用每年所得的收益偿还原始投资所需要的时间（单位为年）。

这种方法把财务流动性作为评价基准，用投资回收期的长短来判定设备投资效果，最终选择投资回收期最短的方案为最优方案。

（2）设备投资回收期的计算方法

由于对企业每年所得的收益应包括的内容有不同的见解，因而投资回收期有以下三种不同的计算方法。

① 用每年所获得的利润或节约额补偿原始投资。我国大多数企业常用这种方法计算投资回收期。其计算公式为

$$\text{投资回收期}=\frac{\text{设备投资额}}{\text{年利润或节约额（元/年）}}$$

② 用每年所获得的利润和税收补偿原始投资。其计算公式为

$$\text{投资回收期}=\frac{\text{设备投资额}}{\text{年利润}+\text{年上缴税金（元/年）}}$$

③ 用每年所获得的现金净收入，即折旧加税后利润补偿原始投资。这种方法常被西方企业所采用。其计算公式为

$$\text{投资回收期}=\frac{\text{设备投资额}}{\text{年现金净收入（元/年）}}$$

上述公式中若各年收入不等，可逐年累计其金额，与原始投资总额相比较，即可算出投资回收期。

（3）投资回收期法的缺点

① 没有考虑货币的时间价值。

② 只强调了资金的周转和回收期内的收益，忽视了回收期之后的收益。

就某些设备投资在最初几年收益较少的长期方案而言，如果只根据回收期的长短做出取舍，就可能会做出错误的决策。

2.设备投资现值法

（1）设备投资现值法的定义

现值法是把不同方案设备的每年使用费，用利息率折合为现值，再加上最初投资费用，求得设备使用年限中的总费用（也称现值总费用），据此进行比较，从而判断设备投资方案经济性优劣的一种方法。

（2）设备投资现值法的计算

现值法总费用的计算公式为

$$\text{设备使用年限中的总费用}=\text{最初投资费用}+\text{每年使用费用}\times\text{现值系数}$$

$$\text{现值系数}=\frac{(1+i)^{n-1}}{i(1+i)^{n}}$$

式中　i——年利率；

n——设备使用年限。

现值系数除了可以用上面的公式计算外，还可通过查表求得。

【实例】

某企业需购置某种设备，其中有两种型号A、B，有关资料见下表。

某企业A、B两种型号设备比对

项目	A	B
最初投资费用/元	8000	10000
每年投资费用/元	1000	800
使用年限/年	10	10
年利率/%	10	10
残存价格	0	0

当年利率i=10%，设备使用年限为10年时，现值系数为6.444。

则甲厂设备现值总费用为

$$8000+(1000\times6.444)=14444（元）$$

乙厂设备现值总费用为

$$10000+(800\times6.444)=15155.2（元）$$

由于A型号设备现值总费用比B型号的低711.2元（15155.20−14444），因此应选择甲工厂的设备。

3.设备投资年费用法

（1）设备投资年费用法的定义

年费用法是把不同方案的年平均费用总额进行比较，以评价其经济效益的方法。

（2）设备投资年费用法的计算

年平均费用总额是指每年分摊的原始投资费用与每年平均支出使用费用之和，用公式表示为

$$年平均总费用=年使用费用+设备最初投资费用\times投资回收系数$$

$$现值系数=\frac{i(1+i)^n}{i(1+i)^n-1}$$

式中　i——年利率；

n——设备使用年限。

可见，投资回收系数是现值系数的倒数。它既可以按上式计算，也可以通过查表求得。

【实例】

仍以上表的资料为例，说明年费用法的评价方法。

当i=10%，n=10年时，投资回收系数为0.16275。

A型号设备的年平均总费用为

$$1000+(8000\times0.16275)=2302（元）$$

B型号设备的年平均总费用为

$$800+(10000\times0.16275)=2427.5（元）$$

计算结果表明，设备投资费用A型号比B型号低125.5元（2427.5−2302），故应选择A型号的设备。决策方案与现值法的结果相同。

四、设备安装

（一）基础设备安装

① 在制订工厂布置计划时，可根据提供设备厂家指定的图纸进行计划，按照该图纸进行施工。一般确认这一施工结果，可由提供设备的厂家自己进行。有时为了确认，工厂布置负责人员也要共同参加。

② 在设备即将设置之前，由于特殊情况，在基础螺栓等位置尚未确定的情况下，要决定设备的安装位置，这时应该由工厂布置负责人和提供设备的厂家共同来决定。

（二）顶部安装设备

顶部安装的设备，其对象就是高架式输送机等，在建筑设计阶段就要研究安装位置并对托架的形状加以确定。关于托架等的相互牵扯和安装的方法，可根据设备厂家提供的图纸做详细规定。因此，工厂布置负责人的任务与上面所提到的内容相同。

（三）地面安装设备

① 在地面上设置的设备，必须完全按照负责人员决定的位置或指示进行，也就是根据部门布置的图纸来决定设备设置的位置，或重新准确地决定位置或决定有关未定部分的位置。这些均属于准备阶段的工作。

② 在部门布置的完成图纸上一般并未表示出安装设备的准确位置，它的方向不会有错。当然，在事前能决定位置时，在部门布置的图纸上注明它的尺寸即可。

（四）通道区划

关于通道的区划位置，通常也要标示在部门布置的图纸上。正确的位置，应该在这一阶段确定。地面上的标记，可暂时用布带等写上，最后要用特殊涂料画上界线。在地面施工阶段还要埋上瓷砖等加以区划，这必须由地面施工阶段来确定。

（五）搬入设备的顺序

特别需要注意对较长传送带的设置，当然，能分解拆卸搬运的设备除外。对长而大的设备，如果搬入顺序有错，就一定要把已装设完的设备再重新移动。对于这些设备的搬入设置，一定要按式样等沿着搬入路线来移动，过后在图纸上加以确认。

五、设备验收

① 设备安装调试完毕后，设备验收部门主管应正式向供货商提出验收申请。

② 供货商接受正式验收申请后，应会同设备主管部门相关人员对设备进行场地、电源、水源、光源及是否“跑气、冒气、滴水、漏油”等方面的测试。

③ 企业在设备安装、调试、运行投产后，在订购合同所标注的日期内，若无质量问题，使用部门和安装部门再办理验收手续。

设备验收单见表5-1。

表5-1 设备验收单

No.

<table>
<tr><td>订购部门</td><td colspan="2"></td><td>使用部门</td><td colspan="2"></td></tr>
<tr><td>设备名称</td><td colspan="2"></td><td>规格型号</td><td colspan="2"></td></tr>
<tr><td>数量</td><td></td><td>单价</td><td></td><td>总价</td><td></td></tr>
<tr><td>生产厂家</td><td colspan="5"></td></tr>
<tr><td>国别</td><td></td><td>出厂日期</td><td></td><td>固定资产</td><td></td></tr>
<tr><td>订购日期</td><td></td><td>到货日期</td><td></td><td></td><td></td></tr>
<tr><td>使用方向</td><td></td><td>资料保管人</td><td></td><td></td><td></td></tr>
<tr><td colspan="6">出厂编号：</td></tr>
<tr><td colspan="6">验收情况：

验收人：　　　　年　月　日</td></tr>
<tr><td colspan="6">验收结果：

验收负责人：　　　　使用部门负责人：</td></tr>
</table>

六、设备场所布置

（一）布置决策

布置决策是指决定设施内的部门工作站、机器和保持存货的位置。

布置决策的一般宗旨是把这些元素安排妥当，以促使工作流程（在企业中）或某种特殊的交通路线（在一个服务公司中）保持流畅。布置决策的投入包括以下内容。

① 这个系统在产出与弹性等方面的目标与特性。

② 这个系统的产品或服务需求的估量。

③ 部门和工作中心的许多作业和流程作业的需求。

④ 设施本身的空间可行性。

（二）了解良好布置概念

企业内部作业间良好的布置特色如下。

① 直线形式的流程。

② 尽量不要往后进行。

③ 生产时间是可预测的。

④ 少量的物料储存。

⑤ 开放工厂使员工都可看见工厂的作业。

⑥ 瓶颈作业得以控制。

⑦ 工作站彼此接近。

⑧ 物料的储存依序处理。

⑨ 有必要物料的重新处理。

⑩ 容易调整以适应环境的改变。

（三）基本布置形态

基本布置有五种形态：产品布置、制程布置、群组技术、刚好即时布置和定点布置。

1. 产品布置

产品布置也称为流程制程的布置，是一种依照产品完成的行程来安排设备或工作流程的布置。若设备是为某产品持续不断地生产而设的，即称为生产线或装配线。

流程制程是指已重新排列以使主产品的流程更容易的一种生产系统。产品的系列比生产线上的广泛很多，而设备也不够专业化。生产是以每项产品的批量为准，而不是混合产品持续地制造。

2. 制程布置

在制程布置中，类似的功能或设备被归在一起，例如所有的车床放置在一处，而所有的压铸机器放置在另一处。零件在一处做完后根据所建立的作业程序，从一处移到另一处适合作业的机器所在的位置。

3. 群组技术

这种方法指的是将不同种类的机器放于同一个工作中心，以使同形状和同加工需要的产品可以在一起处理。GT布置与制程布置类似，在那每个中心都可执行某个特殊的制程；同时它也类似于产品布置，其中每个中心都用于从事某系列产品的生产（群组技术可指用来区分进入GT中心的机器种类的零件分类和分号系统）。

4.刚好即时布置

这有两种形式：类似于装配线和工作站制程布置的流程生产线。在生产线布置中，工作站和设备都是依序排列的。

在工作站或制程布置中，重点在于简化材料处理和建立标准路径，将这个系统与频繁的物料移动联结在一起。

5.定点布置

在定点布置中，由于其体积或重量因素，产品总留滞于同一地点，此时应使设备向产品移进，而非产品向设备移进。

第六章 实施设备点检

导读

点检是指为了能准确评价设备的能用程度、磨损程度等情况而按一定周期进行的检查，是设备管理的重要部分。设备点检与人的定期体检一样，是为了能发现设备出现的某种不正常状态，以便相关人员及早对设备进行早期检查、诊断和早期维修。

学习目标

1. 了解设备点检的含义、点检的分类，了解点检制的特点，点检制的内容与制定要求。

2. 了解点检四大标准，掌握四大标准的具体内容与制定方法。

3. 了解点检的实施步骤，掌握各大步骤的操作方法、要领和注意事项。

4. 了解何谓精密点检与劣化倾向，掌握其管理方法和步骤。

学习指引

序号	学习内容	时间安排	期望目标	未达目标的改善
1	设备点检的含义			
2	点检的分类			
3	点检制			
4	点检四大标准			
5	点检的实施步骤			
6	精密点检与劣化倾向管理			

一、设备点检的含义

点检简言之就是预防性检查。为了提高、维持生产设备的原有性能，通过人的五感（视、听、嗅、味、触）或者借助工具、仪器，按照预先设定的周期和方法，对设备上的规定部位（点）进行有无异常的预防性周密检查的过程，以使设备的隐患和缺陷能够得到早期发现、早期预防、早期处理，这样的设备检查称为点检。

设备点检与人的定期体检一样，是为了能及时发现机器出现的某种不健康症状，以便及早医治，避免出现较大的损失。

设备点检通常表现为对设备进行早期检查、诊断和早期维修。健康医疗所发展起来的那些医疗检测手段，如心电图、血压计、X射线、CT等，也应发展扩充到设备诊断领域中。如现代设备振动监测仪器、油分析设备即是这种从医疗向设备诊断的扩展，如图6-1。

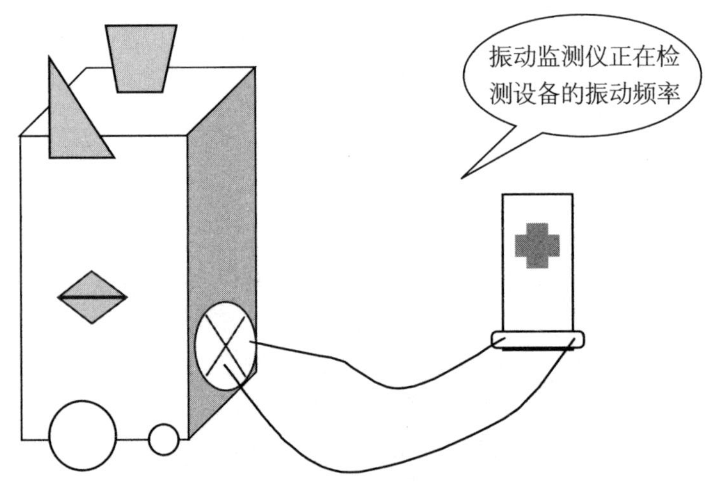

图6-1　振动监测仪的使用

实施设备点检必须制定点检制度，按制度执行。

点检是车间设备管理的一项基本制度，目的是通过点检准确掌握设备技术状况，维持和改善设备工作性能，预防事故发生，减少停机时间，延长设备寿命，降低维修费用，保证正常生产。

二、点检的分类

（一）日常点检

日常点检是最基本的检查，通常在设备运转中或运转前后，点检人员靠五感对设

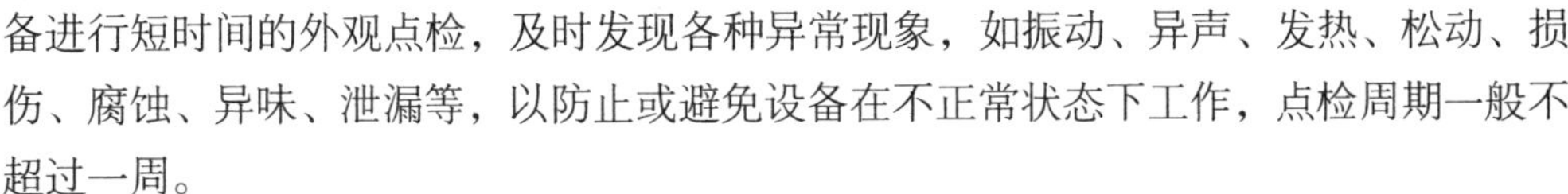

备进行短时间的外观点检，及时发现各种异常现象，如振动、异声、发热、松动、损伤、腐蚀、异味、泄漏等，以防止或避免设备在不正常状态下工作，点检周期一般不超过一周。

（二）定期点检

定期点检是在设备尚未发生故障之前进行的点检，以达到及早发现异常，将损失减少到最低限度的一种手段。除依靠人体器官感觉外，还使用简易的测量仪器，有时还要进行停机解体检查。定期点检按照周期长短的不同，又可分为短周期点检和长周期点检两大类。

1.短周期点检

为预测设备工作情况，点检人员靠五感或简单工具、仪器对设备重点部位仔细地进行静（或动）态的外观点检，点检周期一般为1 ～ 4周。短周期点检中还包括重合点检项目。所谓重合点检是指专职点检人员对日常点检中的重点项目重合进行详细外观点检，用比较的方法确定设备内部工作情况，点检周期一般不超过一个月。

2.长周期点检

为了解设备磨损情况和劣化倾向对设备进行的详细检查，检查周期一般在一个月以上。这种点检主要包括两个方面，具体如图6-2所示。

在线解体检查

按规定的周期在生产线停机情况下进行全部或局部的解体，并对机件进行详细测量检查，以确定其磨损变形的程度

离线解体检查

有计划地对故障损坏时更换下来的单体设备或部分设备、重要部件进行解体检查并修复，修复后作为备品循环使用

图6-2　长周期点检的两个方面

（三）精密点检

精密点检是用精密仪器、仪表对设备进行综合性测试调查，或在不解体的情况下运用诊断技术，即用特殊仪器、工具或特殊方法测定振动、应力、温升、电流、电压等物理量，通过对测得的数据进行分析比较，定量地确定设备的技术状况和劣化倾向程度，以判断其修理和调整的必要性，点检周期根据有关规定和要求而定。

三、点检制

点检制，即通过制定点检频率，对设备实施按标准、按周期、按部位的检查。在

企业管理中，设备点检制度已经成为一种最普遍的管理制度，需要一个系统的管理程序来支撑。

点检制是以点检为中心，运用检查手段，实施早期检查、诊断和维修。在这种体制下，点检人要肩负检与修的双重责任。

（一）点检制“八定”原则

点检是按照一整套标准化、科学化的流程进行的，它是动态的管理，具有“八定”的特点。点检制“八定”原则如图6-3所示。

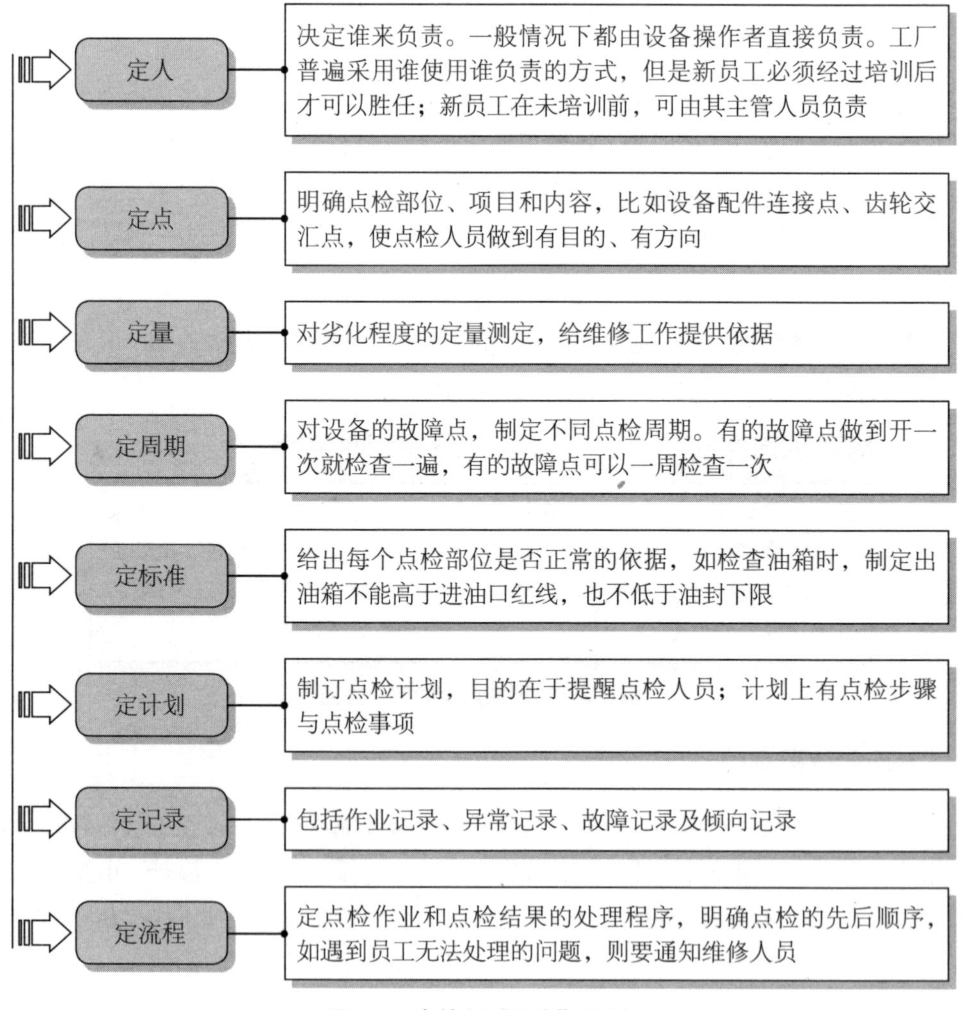

图6-3　点检制“八定”原则

根据点检“八定”原则可以总结出点检十二个环节，如图6-4所示。

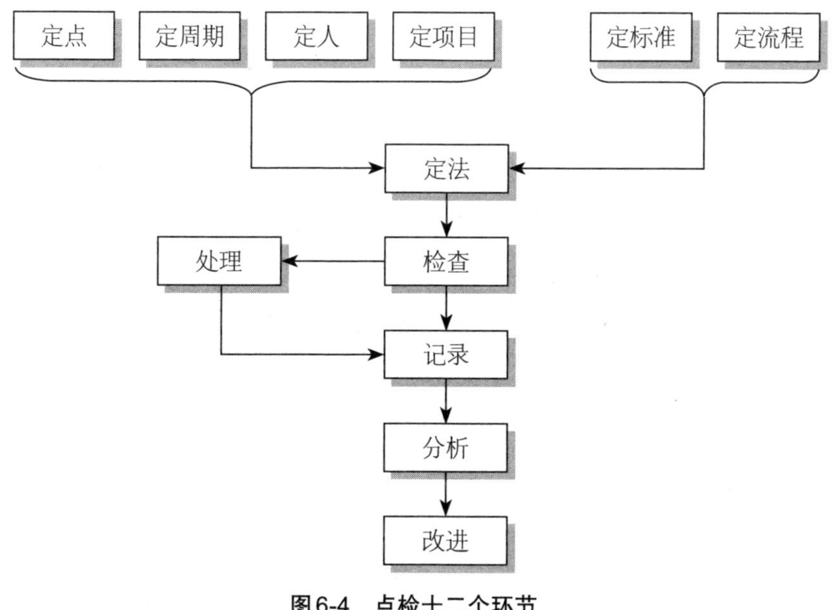

图6-4　点检十二个环节

（二）重要项目的确定

1.点检项目的选定

点检项目的确定可以根据设备的有关技术资料、设备技术人员的指导和操作人员的经验完成。自主保全的点检项目应注意根据技术能力、维修备用品和维修工具等的实际情况确定，并且要与专业技术人员进行的专业保全加以区别。在操作者的能力范围内，要做到自主保全的点检项目尽可能完善，保障设备的日常运行安全可靠。确定点检项目就是要确定设备在开机前、运行中和停机后需要周期性检查和维护的具体项目。

（1）开机前

可以根据设备的相关技术资料、技术人员的指导和操作人员的经验确定点检项目。一开始确定的点检项目可能很烦琐，不是很精练、准确，可以在工作中逐渐对其进行简化和优化。

（2）运行中

应根据操作者的技术能力、维修备用品和维修工具等的实际情况确定点检项目，并且要与专业技术人员进行的计划保全加以区别。在操作者的能力范围内，要做到自主保全的点检项目尽可能完善，保障设备的日常运行安全、可靠。

（3）停机后

对每项点检项目的点检方法、判定基准和点检周期进行修正和完善，以便于点检工作的实施。

2.确定点检方法

点检主要利用人的“五感”（视、听、嗅、味、触）和简单的工具仪器，按照预先设定的方法和标准，定点、定周期地对设备进行检查，找出设备的隐患和潜在缺陷，掌握故障的初期信息，并及时采取对策将隐患和故障消灭于萌芽状态。“五感”点检法的具体内容如表6-1所示。

表6-1 “五感”点检法的具体内容

序号	类别	具体内容
1	目视	目视的适用范围极广，各种检查均可从目视开始。用目视检查时，一定要对设备进行认真细致的观察。例如，检查电气柜时不但要看盘面，而且要打开柜门，从各个角度进行观察；检查电机时不但要看电机外壳，而且还要打开端盖，进一步观察整流状况和火花等级等
2	听声	听声法主要用于鉴别异声和正常声音。听到异声后，可以借助其他检查手段确定异常部位
3	鼻嗅	鼻嗅法主要用于检查烧焦等引起的异常气味。例如，常用电气设备都是无怪气味的，如出现怪气味，不是继电器、电动机线圈发生匝间短路，就是绝缘老化烧毁等
4	手摸	触觉与视觉、听觉是密切关联的。手摸主要检查温度、振动和污染等。温度过高不但会加速绝缘劣化、缩短绝缘寿命，而且容易引起人身触电、烧损设备等事故，还会使电子回路性能下降
5	口尝	采用“五感”点检时，通常不使用口尝的方法，即使在特殊场合急需鉴别酸性或碱性物质时，也必须在确保对身体无害的前提下谨慎使用

3.点检基准

点检基准是指某个点检项目测量值的允许范围，如电机的运行电流范围、液压油油压范围等，它是判定一个点检项目是否符合要求的依据。基准不是很明确时，可以咨询设备制造商或根据技术人员（专家）的经验值进行假定，然后逐渐提高精度。

4.点检周期

点检周期是指两次点检作业之间的时间间隔。不同设备、不同故障点的点检周期都是不同的。

（三）点检表格的绘制

点检表格是对设备进行点检的原始记录，通常包括以下内容。

① 点检项目。

② 点检方法。

③ 判断基准。

④ 点检周期。

⑤ 点检实施记录。

⑥ 异常情况记录。

【实例】

以下分别是某公司发电机的开机点检表、运行点检表和周期点检表。

发电机开机前点检表

序号	点检项目	判断标准	结果确认
1	燃油油位	绿色范围	
2	负荷开关	关闭状态	
3	速度转换开关	低速状态	
4	机油油位	标定范围内	
5	冷却水位	标定范围内	
6	风扇皮带	无松动损伤	
7	输油管阀门	开启状态	
8	蓄电池	观察呈绿色	
9	机身	无杂物	
满足开机条件后签名、开机			

发电机运行点检表

机号：　　　　　　　　　　　　日期：

序号	点检项目	正常状况	结果确认
1	油箱油位	绿色范围（200 ~ 400升）	
2	电源指示灯	亮	
3	输入频率	50赫兹	
4	输出电压	380伏	
5	输出电流	绿色范围（0 ~ 1064安）	

续表

序号	点检项目	正常状况	结果确认
6	输出功率	绿色范围（0 ~ 560千瓦）	
7	单 / 并机开关	并机状态	
8	高 / 低速开关	高速状态	
9	电池开关	开启状态	
10	负荷开关	开启状态	
11	过滤器报警	无	
12	启动钥匙	运行状态	
13	冷却油压	绿色范围（4 ~ 7千克/厘米^2）	
14	冷却油温	绿色范围（＜100摄氏度）	
15	冷却水温	绿色范围（＜90摄氏度）	
16	充电电流	绿色范围（0 ~ 15毫安）	
17	转速表	1500转	
确认人签名			

注：结果确认栏中，正常记“√”，不正常记“×”。1千克 / 厘米^2＝9.8×10^4帕。

发电机运行点检表

序号	点检项目	点检方法	判断标准	周期	结果确认
1	机体状态	目视	干净无损伤	次 / 周	
2	油路和油阀开关	观测试验	灵活无锈蚀	次 / 周	
3	蓄电池	观测试验	无溢液、电量足	次 / 周	
4	应急照明灯	观测试验	功能正常	次 / 周	
5	空气过滤器	清洁或更换	干净无损伤	次 / 月	
6	燃油泵开关柜	观测清洁	电流和电压正常	次 / 周	
7	机油及过滤器	测试或更换	油位油质正常	次 / 月	
8	皮带松紧度	测试	松紧正常	次 / 周	
点检者盖章					
异常记录				确认	

注：结果确认栏中，良好记“○”；要维修记“×”；修理中记“●”。

【实例】

叉车点检表

序号	检查内容	方法	标准				
1	设备整机外观有无损坏	查看	完好无损				
2	设备整机内外卫生	查看	干净整洁				
3	轮胎气压是否正常	目视	充足				
4	水箱水位是否正常	目视	充足				
5	油箱油量是否充足	油尺	充足				
6	油路有无泄漏	查看	无泄漏				
7	机油油位是否正常	油尺	正常刻线				
8	刹车性能是否良好	试车	良好				
9	方向盘灵敏度	试车	灵灭				
10	挡位切换是否灵活	试车	灵活				
11	照明系统是否良好	试车	明亮齐全				
12	喇叭、倒车蜂鸣器情况	试车	洪亮				
13	液压系统是否正常	试车	正常				
14	仪表显示是否正常	试车	有效				
存在问题描述							
其他方面异常							

点检人：　　　　　　　　　　　　　　　　　　主管：

注：1.空格内正常打“√”，有问题打“×”，写出简要说明，并报告给班组长或值班员，填写设备故障申报单。

2.设备使用人应按规定着装，佩戴防护用品，禁止酒后及无证驾驶，持证上岗。

【实例】

轨道衡设备巡检表

序号	项目	方法	标准	第一周	第二周	第三周	第四周
1	机械台面的固定、连接环片有无裂痕	查看	无裂痕				
2	台面及基坑的清扫情况	查看	干净整洁				
3	运行时压力、剪力系数等相关数据记录情况	查看	记录良好				
4	检查压力、剪力传感器的固定、连接、上下挡圈的螺栓及螺母有无松动	查看	无松动				
5	检查力矩臂及纵横杆有无裂痕	查看	无裂痕				
6	固定元件是否固定良好	查看	固定良好				
7	特殊天气积水、积雪、杂物清除情况是否及时	查看	清除及时				
8	排水设施是否畅通	查看	畅通				
9	各部是否缺油	查看	油润良好				
10	室内仪表是否清洁	查看					
11	接点接触良好	查看	正常				
12	防雷系统的接头是否有虚焊、松动等现象	查看	接头良好				
存在问题描述							
其他方面异常							
注意：空格内正常打“√”，有问题打“×”，写出简要说明，并报告给班组长，填写设备故障申报单							
巡检人							

四、点检四大标准

设备点检管理标准由维修技术标准、给油脂标准、点检标准、维修作业标准四项标准组成，简称“四大标准”，其关系如图6-5所示。

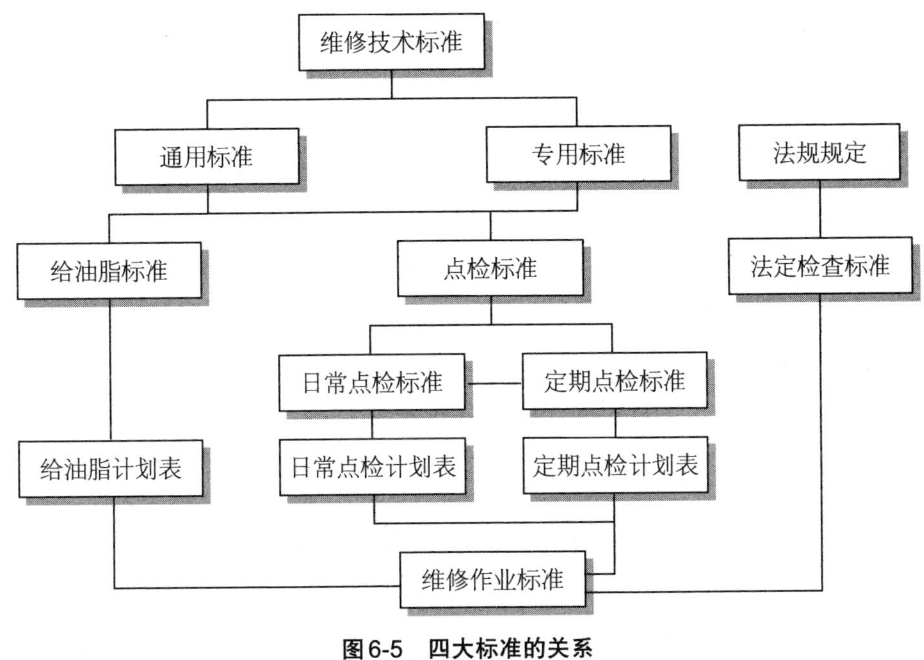

图6-5　四大标准的关系

四大标准的建立和完善是点检定修的制度保证体系，是点检定修活动的科学依据，它将点检工作沿着科学的轨道向前推进。

（一）维修技术标准

维修技术标准是四大标准中最重要的部分，一台设备如何修理，主要是依据维修技术标准。

1.编制要领

① 按设备维修技术管理制度的规定，A、B、C三级设备都要进行编制。

② 设备名称栏填写设备名称。

③ 装置名称栏填写分部设备名称。

④ 填写该设备的分部设备编号。

⑤ 画出装置示意图，标出装置中需要点检部位的名称及易损部件名称，在备注栏内要写上部件安装要求。

⑥ 填写易损更换件、修理件或修复件名称。

⑦ 填写易损更换件、修理件或修复件材质。

⑧ 填写易损更换件、修理件或修复件图纸上所标注的主要尺寸，以及该零件和相关联零件之间主要标准装配间隙和该零件的劣化极限允许值。

⑨ 填写易损更换件、修理件或修复件进行点检的方法和周期时间。

⑩ 填写易损更换件、修理件或修复件更换的周期时间。

2.编制人员

A、B类设备由专业点检人员编制，装备部审核，设备副总经理批准；C类设备由专业点检人员编制，负责生产设备的厂长审核，装备部批准。

下面是某企业起吊设备的维修技术标准，供读者参考。

起吊设备的维修技术标准

序号	项目	基准/毫米			检查		更换周期	示图
		标准尺寸	标准隙	磨损界限	方法	周期		
1	起升制动轮	$\phi600$	30	$\phi570$	测量	1Y		图Ⅰ
2	起升大滑轮	$\phi750$	60	$\phi720$	测量	2M	10000H	图Ⅱ
3	导向滑轮	$\phi750$	60	$\phi710$	测量	3M	2000H	
4	超负荷滑轮	$\phi490$	45	$\phi420$	测量	3M	8000H	
5	衬套	$\phi70_{0}^{+0.046}$	0.146	$\phi70$	测量	8000H		
6	滑轮轴	$\phi70_{-0.1}^{-0.06}$	0.146	$\phi70$	测量	8000H		图Ⅲ
7	钢丝绳卷筒				目测			
8	电磁换向阀阀芯		0.015	0.04	测量	8000H		
9	分配器阀芯	$\phi70_{-0.02}^{-0.012}$	0.015	0.04	测量	8000H		
10	变幅油缸球面轴承	$\phi160$	0.144	$\phi160$	测量	8000H		图Ⅳ
11	变幅油缸接轴	$\phi105$	5	$\phi105$	测量	8000H		图Ⅴ
12	转向蜗轮圈	$\phi160$	5	4.5	测量	8000H		
13	上下锥盘	75	5	4.5	测量	8000H		
14	转向蜗轮箱轴承619	内孔$\phi95$	0.075	0.8 0.2	测量	8000H		

续表

序号	项目	基准/毫米			检查		更换周期	示图
		标准尺寸	标准隙	磨损界限	方法	周期		
15	轴承3528	座孔$\phi 250$ 内孔$\phi 140$	0.15	$\phi 250$ $\phi 140$	测量	8000H		
16	轴承319	座孔$\phi 250$ 内孔$\phi 95$	0.045 0.075	0.8 0.2	测量	8000H		
17	转向蜗轮箱座与箱盖		0.08		测量	8000H		
18	行走从动齿轮			2.7	测量	8000H		
19	行走从动齿轮衬套	$\phi 70_{0}^{+0.03}$	0.09	$\phi 70_{0}^{+1.5}$	测量	10000H		
20	行走从动齿轮轴	$\phi 70_{-0.06}^{-0.03}$	0.09	$\phi 70_{0}^{-1}$	测量	10000H		
21	行走蜗轮箱输出轴瓦					10000H		
22	行走瓦座					3000H		图Ⅵ
23	行走轮					3000H		

注：H——小时；M——月；Y——年。

（二）给油脂标准

1.编制依据

① 设备的使用说明书、图纸数据。

② 同类设备的实际数据。

③ 有关技术数据或上级有关技术部门推荐的设备润滑及油脂使用技术管理值。

2.编制要领

① 序号栏填写设备名称的顺序号。

② 设备名称栏填写单项设备名称。

③ 填写该设备分部设备的名称，如滚道、滚筒、压下装置、传动装置等。

④ 填写该设备分部设备所需要给油脂场所，如轴承、滑道、衬板等场所。

⑤ 填写该部件给油脂的润滑方式，如集中循环给油、集中自动给油、集中手动给油、油浴润滑、油雾润滑、滴下润滑、油枪给油、油杯给油等。

⑥ 填写润滑油牌号。

⑦ 填写所需润滑的点数。

⑧ 填写补油标准油量，以升为单位。

⑨ 填写周期时间，H——时、S——每运行班、D——天、W——周、M——月、Y——年。

⑩ 严格按分工协议的规定进行填写。凡人工或手动加油设备，由岗位操作工进行加油；凡自动加油或一次性加油的设备，由维修人员按计划定期补给或更换。

⑪ 备注栏填写附加说明。

⑫ 编制栏由专职点检人员编制并签名。

⑬ 审核栏由点检作业长签字。

⑭ 按维修技术管理制度规定，A、B、C、D四级设备都要编制给油脂标准。

3.标准分类

① 该表适合机、电、仪专职点检使用。

② 该表可以分为通用设备类，如皮带机、空压机、泵等大类，再由大类分小类编制，越细越好。

③ 由设备科推荐的液压润滑标准。

4.其他要求

① 新增设备或当设备由于技改原因变更润滑部位或方式时，应相应增补和修改润滑标准。

② 通过PDCA工作循环，不断完善润滑标准。

③ 编制顺序：首先编制单机设备部件补油标准和更换油脂标准，然后编制化验油的标准，一般对容积大于500升的供油部位要进行油化验。

④ 凡改用新油种或替代油种时，必须经装备部审批。

下面是某企业矿石送料设备的给油脂标准，供读者参考。

（2）

矿石送料设备的给油脂标准

部件名称	给油脂部位	给油脂方法	油脂牌号	给油脂数/个	给油脂		更换	
					用量/毫升	周期	用量/毫升	周期
给料闸门	液压装置	手注	HYDW-2	1			15	2Y
	齿条	涂布	PELC-2	1	500mL	1M		
	轴承	油枪	PELC-2	2	20mL	6M		

续表

部件名称	给油脂部位	给油脂方法	油脂牌号	给油脂数/个	给油脂		更换	
					用量/毫升	周期	用量/毫升	周期
振动筛	减速机	油溶	GEAS-2	1			120	3Y
	振动轮	手注	PELC-2	4	40mL	6M		
秤重漏斗	减速器	油溶	GEAS-2	1			11	3Y
	闸门支架	集中润滑	PELC-2	2	4mL	3H		
	曲柄销	集中润滑	PELC-2	1	2mL	3H		
闸门溜槽	调节螺杆	集中润滑	PELC-2	1	2mL	3H		
	行星减速机	油溶	GEAS-2	1			120	3Y

注：H——小时；M——月；Y——年。

（三）点检标准

1.点检标准包含的具体内容

① 点检路线图。

② 点检周期表。

③ 点检设备的名称。

④ 设备点检的内容和标准。

2.点检路线图的编制

点检人员应根据点检标准的要求，按开展点检工作方便、路线最佳并兼顾工作量的原则，编制所辖设备的点检计划，再按照每天点检计划编制点检路线图，达到准确、合理、省时、有效作业的目的。

【实例】

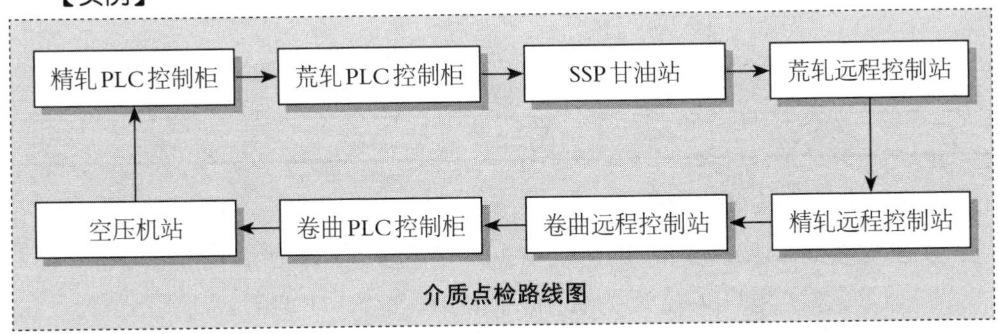

介质点检路线图

3.点检标准编制依据

① 设备使用说明书和有关技术图纸数据。

② 检修技术标准。

③ 参考国内外同类设备的实际数据。

④ 通过PDCA循环取得的实际经验积累。

4.点检标准的内容

点检标准的主要内容包括点检部位与项目、点检内容、点检方法、点检状态、点检判定基准、点检周期、点检分工，具体说明如表6-2所示。

表6-2　点检标准的主要内容

序号	内容	说明
1	点检部位与项目	设备可能发生故障和劣化并需点检管理的地方，其大分类为“部位”，小分类为“专案”
2	点检内容	主要包括以下要素 （1）机械设备的点检要素：压力、温度、流量、泄漏、异声、振动、给油脂状况、磨损或腐蚀、裂纹或折损、变形或松弛 （2）电气设备的点检要素：温度、湿度、灰尘、绝缘、异声、异味、氧化、连接松动、电流、电压
3	点检方法	（1）用视、听、触、味、嗅觉为基本方法的“五感点检法” （2）借助简单仪器、工具进行测量 （3）用专用仪器进行精密点检测量
4	点检状态	（1）静态点检（设备停止时） （2）动态点检（设备运转时）
5	点检判定基准	（1）定性基准 （2）定量基准
6	点检周期	依据设备作业率、使用条件、工作环境、润滑状况、对生产影响的程度、其他同类厂的使用实绩和设备制造厂家的推荐值等先初设一个点检周期值，以后随着生产情况的改变和实际经验的积累逐步进行修正，以使其逐渐趋向合理 日常点检标准：用于短周期的生产操作、运行值班日常点（巡）检作业 定期点检标准：用于长周期的专业点检人员编制周期管理表的依据与定期点检作业
7	点检分工	点检工作的责任人员

5.点检标准表格制作要领

① 按设备维修技术管理制度规定，A、B、C三级设备都要进行编制。

② 设备名称栏填写以6位数为编号的单项设备名称，设备编号栏填写6位数。

③ 填写点检项目的顺序号。

④ 填写该设备的分部设备9位数编号。

⑤ 填写该部件可能发生的劣化部位，检查部位可以分为滑动部分、回转部分、传动部分、与原材料接触部分、荷重支撑部分、受介质腐蚀部分和电气部分（包括绝缘、电机参数精度控制、监测的稳定性等）。

⑥ 填写该部件劣化检查项目，如回转部分的轴承、传动部分的齿轮或齿条、解体检查。

⑦ 填写该部件劣化检查项目中诊断的要素：压力、流量、温度、泄漏、异声、振动、给油状况、磨损、松弛、裂纹、腐蚀、绝缘等。

⑧ 按分工协议的规定，定出专职、运行、生产点检的周期。专职点检周期可先设定一个周期值，以后再逐步修正完善；周期栏填写表示方式为H——小时、S——每运行班、D——天、W——周、M——月、Y——年。

⑨ 严格按分工协议区分项目、内容、属性。

⑩ 制定出该项目、内容在什么状态下点检：○——运行中点检，△——停止中点检。

⑪ 区分出该项目、内容的点检方法，如更换可在其他栏内打“√”或打“○”。

⑫ 点检标准栏填写定性或定量数据，如“无破损”是定性数据，温度≤75摄氏度为定量数据。

⑬ 点检标准由专职点检人员编制并签名。

⑭ 点检标准由点检站长审核并签字。

下面是某企业设备点检标准，供读者参考。

设备点检标准

设备（装置）名称	照明设备			点检周期标记	D——天 W——周 M——月 Y——年		点检状态标记		○——运行中点检 △——停止中点检	
点检部位、项目	点检内容	标准	点检周期	点检方法	点检状态及分工			容易劣化部位	备注	
					运行	点检	生技			
照明设备	开关	无缺损、无异味	2W	目视、鼻闻		○		√		

续表

点检部位、项目	点检内容	标准	点检周期	点检方法	点检状态及分工			容易劣化部位	备注
					运行	点检	生技		
照明设备	线路	无损坏	2W	目视		○		√	
	灯具	无变形	2W	目视		○		√	
	吊架	无变形、无损坏	2W	目视		○			
	保险	容量正确、完好	2W	目视		○		√	
	灯泡	正常亮灯	2W	目视		○		√	
	整流器	无烧焦痕迹	2W	目视		○		√	
	启辉器	正常	2W	目视		○		√	
	可充电电池	接线正确	2W	目视		○			
	接线端子	无松脱、无变色	2W	目视		○		√	
	墙壁插座	无变形、无损坏	2W	目视		○		√	
	照明箱	无变形、无损坏	2W	目视		○			
	荧灯管	正常亮灯	2W	目视		○		√	

（四）维修作业标准

维修作业标准是点检人员确定检修作业流程、工艺、工时和费用的基础，是企业进行维修作业的依据。

维修作业标准规定了作业名称、作业方法、作业顺序、作业条件、技术要点、安全注意事项、使用工具以及作业人员、作业所需时间和作业费用等。

1.编制的目的

① 提高检修作业质量。

② 缩短检修作业时间。

③ 消灭检修作业事故。

④ 有利于检修作业管理（标准化作业、检修费用管理）。

2.编制的依据

① 国家和行业颁布的有关标准及规定。

② 制造厂家提供的设备使用说明书和图纸。

③ 设备的检修技术标准。

④ 国内外同类设备的检修作业标准。

⑤ 有关安全规程和工艺规程。

3.编制的条件

① 明确作业目标，了解项目内容。

② 掌握设备结构，掌握作业工序。

③ 熟悉作业环境，具有施工实践经验。

4.作业标准的内容

作业标准的内容包括设备名称、作业名称、使用工器具、作业条件、保护工具、作业人员、作业时间、总工时、作业网络图、作业要素（项目）、作业内容、操作人员、技术安全要点以及检修费用等。

5.编写时注意事项

① 一般作业（如手锤、气割、锉、铲等）不必详细填写。

② 一定要写明安全要点，特别是应吸取以往发生过事故的教训。

③ 不容易理解的作业流程可用简图说明。

6.编制说明

① 一般检修项目的作业标准，只需工时工序表（以作业网络图为主）就可以。但对于大型、重要、难度较大的检修项目，必须有作业说明书。

② 编制作业网络图，首先要抓住施工中工期最长的工序项目，围绕主工序找出副工序，尽量采用并行操作以扩大施工面、缩短工期。

③ 作业说明书须详细填写拆装、检测作业顺序名称、每一主要工序的作业内容、所需工器具、操作人员以及技术安全要点，对于较难用文字说明清楚的内容须用示意图、简图等加以说明。

下面是某企业维修作业标准书，供读者参考。

他山之石（4）

维修作业标准书

设备名称	刮板运输机		作业名称	变速器修理	
作业人员	2个	计划投入工时	12个	计划停机台时	6天
流程	①升井准备（1天）→②揭盖（半天）→③清理（1天）→④检修、更换配件（1天半）→⑤装配（半天）→⑥试运行（半天）→⑦下井安装（1天）→⑧				
技术要求			安全及注意事项		
（1）装配前要将各零件清洗干净，分组存放 （2）轴承及箱体结合处应无渗漏 （3）变速器润滑油应用68号齿轮油，加油至油标刻度线 （4）装配好的变速器应运转正常，无异响			（1）要注意拆卸、吊装过程的安全 （2）拆卸箱体时，如涉及其他零部件，应按规定装好，不得缺件遗漏 （3）运行时，应先低速运转3～5分钟		

五、点检的实施步骤

（一）点检的实施程序

点检的实施程序如图6-6所示。

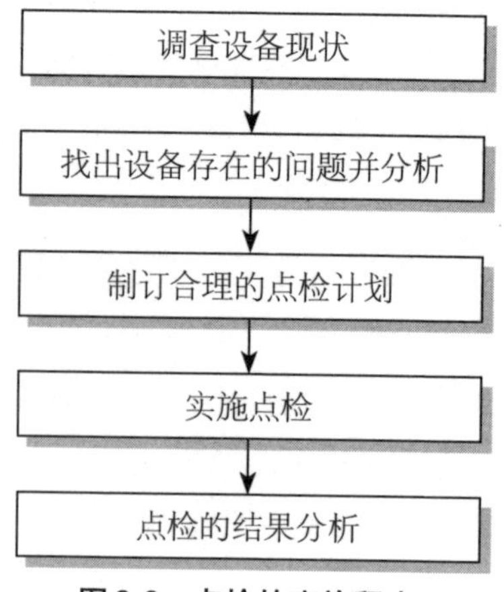

图6-6 点检的实施程序

（二）点检前的工作

主要包括制订合理的计划、培训点检人员、设置点检通道等。

1. 制订合理的计划

对设备现状调查后，要制订合理的计划（表6-3），确定好点检的项目、基准、方法、周期等。

表6-3　点检检查计划

UT机电班总人数：3人　　　　工作制：常日班

点检分类	点检表名称	主要点检项目	点检周期	点检时间	人员安排/人次	备注
日点检	每日电力使用量记录表	高、低压电力使用量记录	每日/1次	8:30 ~ 8:50	3	
	空压机运行点检表	7K、5K空压机组运行检查	每日/1次	10:30 ~ 10:50	1	
	AHU/BL运行点检表	AHU/BL组运行检查	每日/1次	9:30 ~ 10:20	1	
周点检	动力水泵电动机点检表	P940水泵电机	每周一/1次	9:15 ~ 10:00	2	遇特殊情况点检时间
	动力水泵电动机点检表	PP951水泵及潜水泵电机	每周二/1次	9:15 ~ 10:00	2	可由班长调整安排
	CT塔冷却风机点检表	CT/FAN电动机检查	每周三/1次	9:15 ~ 10:00	2	
	7K空压机高压设备运行点检表	7K空压机高、低压电气检查	每周四/1次	9:15 ~ 10:00	2	
	冷冻机高压设备运行点检表	冷冻机高、低压电气检查	每周五/1次	9:15 ~ 10:00	2	
	14K空压机运行状况点检表	14K空压机电气控制检查	每周六/1次	9:15 ~ 10:00	2	
月点检	AHU运行状况点检表	TC/AHU电气控制检查	每月3日/1次	10:15 ~ 10:55	2	
	AHU运行状况点检表	捻丝AHU电气控制检查	每月4日/1次	10:15 ~ 10:55	2	
	AHU运行状况点检表	TYAHU电气控制检查	每月5日/1次	10:15 ~ 10:45	2	

续表

点检分类	点检表名称	主要点检项目	点检周期	点检时间	人员安排/人次	备注
月点检	AHU运行状况点检表	PET、DTYAHU电气控制检查	每月6日/1次	10:15 ～ 10:45	2	
	TC/UT高压设备运行点检表	TC/UT变电所高压电气设备检查	每月10日/1次	10:15 ～ 11:15	2	
	捻丝高压设备运行点检表	捻丝变电所高压电气设备检查	每月11日/1次	10:15 ～ 11:15	2	
	TY/热处理高压设备运行点检表	TY/热处理变电所高压电气设备检查	每月12日/1次	10:15 ～ 11:15	2	
	PET/DTY高压设备运行点检表	PET/DTY变电所高压电气设备检查	每月13日/1次	10:15 ～ 10:45	2	
	TC/UT电力电容器月度点检表	TC/UT变电所电力补偿电容器检查	每月20日/1次	10:15 ～ 10:45	2	
	PET/DTY电力电容器月度点检表	PET/DTY变电所电力补偿电容器检查	每月21日/1次	10:15 ～ 10:45	2	
	TY/热处理电力电容器月度点检表	TY/热处理变电所电力补偿电容器检查	每月22日/1次	10:15 ～ 10:45	2	
	捻丝电力电容器月度点检表	捻丝变电所电力补偿电容器检查	每月23日/1次	10:15 ～ 10:45	2	

2.培训点检人员

为了使操作者能胜任对设备的点检工作，对操作者进行一定的专业技术知识和设备原理、构造、机能的培训是必要的。这项工作可由技术人员担当，并且要尽量采取轻松活泼的方式进行。企业可制订培训计划，在计划中明确受教育者、教育担当者、教育的内容和日程安排以保障教育工作的实施。

3.设置点检通道

企业在设备较集中的场所应考虑设置点检通道。点检通道的设置可采取在地面画

线或设置指路牌的方式，然后再沿点检通道，依据点检作业点的位置设置若干点检作业站。这样，点检者沿点检通道走一圈，便可以高效地完成一个区域内各个站点设备的点检作业。这样做的好处还在于能有效地避免点检工作中的疏忽和遗漏。在设置点检通道时要注意：

① 点检时行进路径最短；

② 点检项目都能被点检通道中的站点所覆盖；

③ 沿点检通道，点检者很容易找到点检内各点检作业点的位置。

（三）具体实施

对于日常点检，按照正常的程序实施点检作业即可。对于一些设备的定期点检，则要在规定的时间进行，并做好相应的记录。

（四）点检结果的分析

点检实施后，要把所有记录，包括点检记录、设备的潜在异常记录、日常点检的信息记录等，进行整理和分析，以采用针对性的改进措施。在这些分析的基础上，实施改善措施，并提高设备的使用效率。

（五）点检中问题的解决

设备点检中发现的问题不同，解决问题的途径也不同。

① 一般经过简单调整、修正可以解决的，由操作人员自己解决

② 在点检中发现的难度较大的故障隐患，由专业维修人员及时排除。

③ 对维修工作量较大，暂不影响使用的设备故障隐患，经车间机械员鉴定，由车间维修组安排好计划，予以排除或上报设备部门协助解决。

（六）设备点检责任明确

设备点检要明确规定相关人员的职责，凡是设备有异常状况。操作人员或维修人员定期点检、专题点检没有检查出的，由操作人员或维修人员负责；已点检出的，应由维修人员维修；没有及时维修的，由维修人员负责。

六、精密点检与劣化倾向管理

（一）精密点检

精密点检是设备点检不可缺少的一项内容，主要是利用精密仪器或在线监测等方

式对在线、离线设备进行综合检查测试与诊断，测定设备的某些物理量，及时掌握设备及零部件的运行状态和缺陷状况，定量地确定设备的技术状况、劣化程度及劣化趋势，以判断其修理和调整的必要性。

1.精密点检的常用方法

① 无损检查技术。

② 噪声诊断技术。

③ 油液监测分析技术。

④ 温度监测技术。

⑤ 应力应变监测技术。

⑥ 表面不解体检测技术。

⑦ 电气设备检测技术。

2.精密点检管理流程

精密点检管理流程如图6−7所示。

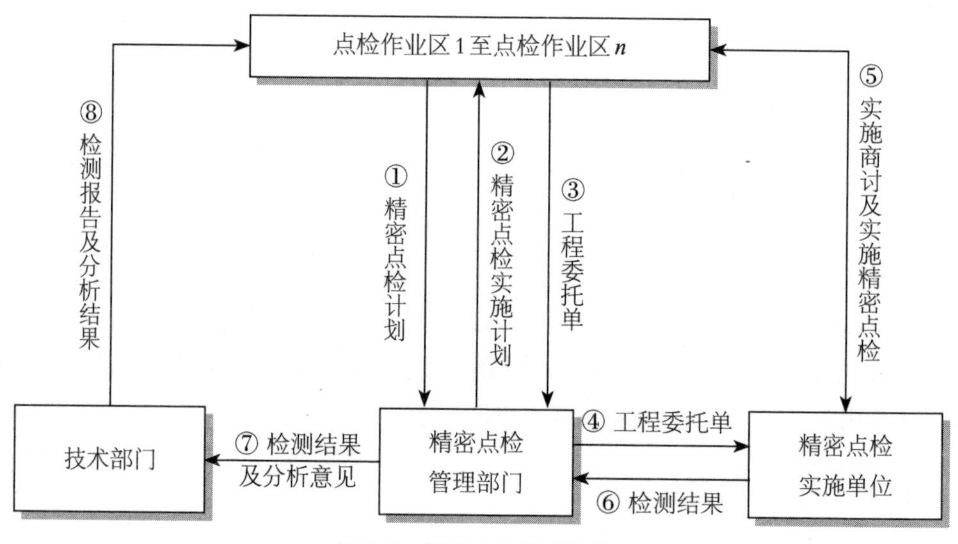

图6-7　精密点检管理流程

3.精密点检跟踪管理

根据设备实际状况和精密点检结果采取相应的管理办法，一般有继续检测、监护运行和停机修理三种对策。

对精密点检结果判断有缺陷的设备，为控制设备劣化的发展应采用以下措施。

① 设备状态监视。

② 备件准备。

（二）设备的劣化

设备原有功能的降低和丧失，以及设备的技术、经济性能的降低，都称为设备的劣化。

1.设备劣化的类型

设备劣化的类型有三类，如图6-8所示。

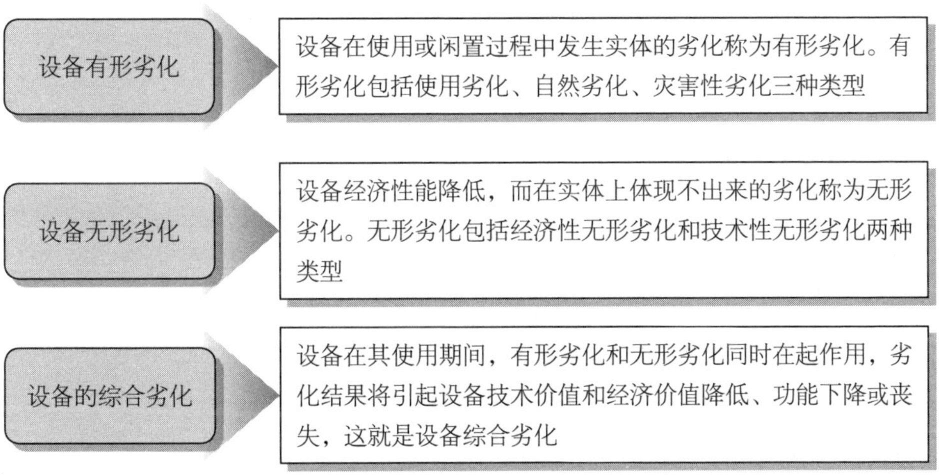

设备有形劣化 → 设备在使用或闲置过程中发生实体的劣化称为有形劣化。有形劣化包括使用劣化、自然劣化、灾害性劣化三种类型

设备无形劣化 → 设备经济性能降低，而在实体上体现不出来的劣化称为无形劣化。无形劣化包括经济性无形劣化和技术性无形劣化两种类型

设备的综合劣化 → 设备在其使用期间，有形劣化和无形劣化同时在起作用，劣化结果将引起设备技术价值和经济价值降低、功能下降或丧失，这就是设备综合劣化

图6-8　设备劣化的类型

2.设备劣化的补偿

有形劣化的局部补偿是修理；无形劣化的局部补偿是现代化技术改造；有形劣化和无形劣化的完全补偿是更新。

一般情况下，在有形劣化期短于无形劣化期时适于修理；反之，则适于改造和更新。

3.设备有形劣化的主要表现形式

① 机械磨损。

② 疲劳磨损。

③ 塑性断裂和脆性断裂。

④ 腐蚀。

⑤ 蠕变。

⑥ 元器件老化等。

（三）设备容易发生有形劣化的部位

设备容易发生有形劣化的部位如图6-9所示。

机械设备的劣化部位
·机件滑动工作部位 ·机械传动工作部位 ·机件旋转工作部位 ·受力支撑及连接部位 ·与原料、灰尘接触、黏附部位 ·受介质腐蚀、黏附部位

电气设备的劣化部位
·绝缘部位 ·受介质腐蚀部位 ·受灰尘污染部位 ·受温度影响部位 ·受潮湿侵入部位

图6-9　设备容易发生有形劣化的部位

（四）设备劣化的原因

设备劣化是在生产活动中经常遇到的、不可避免的一种现象。造成设备劣化的原因有多种，主要表现在以下五个方面，如表6-4所示。

表6-4　设备劣化的原因

序号	原因	说明	
1	设备本体方面	设备上的问题	（1）结构不合理，形状不好 （2）零部件的强度、刚度不够，元器件选择不当 （3）选择的安全系数过小 （4）材质选择不恰当
		制造上的问题	（1）零部件材质与设计要求不符 （2）材质有先天性缺陷，如内裂、砂眼、缩孔、夹杂等 （3）加工精度不高，装配质量差 （4）热处理质量差，造成零部件强度不合要求 （5）元器件质量差，不符合设计要求，装配工艺不佳
		安装上的问题	（1）基础品质不好 （2）安装质量低劣，如水平标高不对、中心轴线不正等 （3）调试质量差，间隙调整不当，精度调整马虎
2	设备管理方面	维护保养上的问题	（1）点检不良，润滑不当，异物混入，接触不良，绝缘不良 （2）故障、异常排除不及时 （3）磨损、疲劳超极限的部件更换不及时 （4）保温、散热不好，防潮防湿不佳，通风排水不及时

续表

<table>
<tr><th>序号</th><th>原因</th><th colspan="2">说明</th></tr>
<tr><td>2</td><td>设备管理方面</td><td>检修工作上的问题</td><td>（1）检修质量低，如装配不好、公差配合不佳、组装偏心、精度下降
（2）未按计划检修，不按点检要求检修
（3）不按标准作业，施工马虎，调整粗糙</td></tr>
<tr><td rowspan="2">3</td><td rowspan="2">生产管理方面</td><td>管理上</td><td>（1）管理不善，不及时进行操作点检及维护保养
（2）整理、整顿、整洁、整修工作不能很好贯彻
（3）闲置设备未按规定要求进行维护
（4）与设备人员不及时沟通信息，造成贻误</td></tr>
<tr><td>操作上</td><td>（1）不能正确操作使用设备
（2）违反操作规程，进行超负荷运转
（3）责任心不强，工作时漫不经心，造成误操作</td></tr>
<tr><td>4</td><td>环境条件方面</td><td colspan="2">（1）抗高温、防腐、防冻等保护措施不力
（2）来自外部的碰撞、冲击等
（3）不可抗拒的自然灾害及意外灾害，如台风、暴雨、水灾、地震、雷击、爆炸、火灾等</td></tr>
<tr><td>5</td><td>正常使用条件下的问题</td><td colspan="2">（1）机体之间有相对运动时，滑动或滚动状态下的正常磨损
（2）高、低温或冲击工作状态下，设备金属的疲劳、变形蠕变，承载强度下降
（3）在腐蚀介质条件下工作的设备的腐蚀
（4）元器件的老化，绝缘的降低，橡胶、塑料件的老化</td></tr>
</table>

（五）劣化倾向管理

观察对象设备的故障参数，定期对其进行劣化量测定，找出其劣化的规模，控制该设备的劣化倾向，定量掌握设备工作机件使用寿命的管理称为劣化倾向管理。

1.劣化倾向管理的目的

了解设备的劣化规律，掌握其何时达到劣化极限值，使零部件的更换在劣化极限内进行，进而实现预知维修。

2.精密点检与劣化倾向管理

精密点检主要是确定设备劣化和磨损的实际程度，所得数据要通过劣化倾向管理进行整理、加工，从而获得设备的劣化规律。

不进行劣化倾向管理，精密点检也就失去了意义；没有精密点检，也不可能进行劣化倾向管理。两者相辅相成，缺一不可。

3.劣化倾向管理的实施

劣化倾向管理的实施流程如图6-10所示。

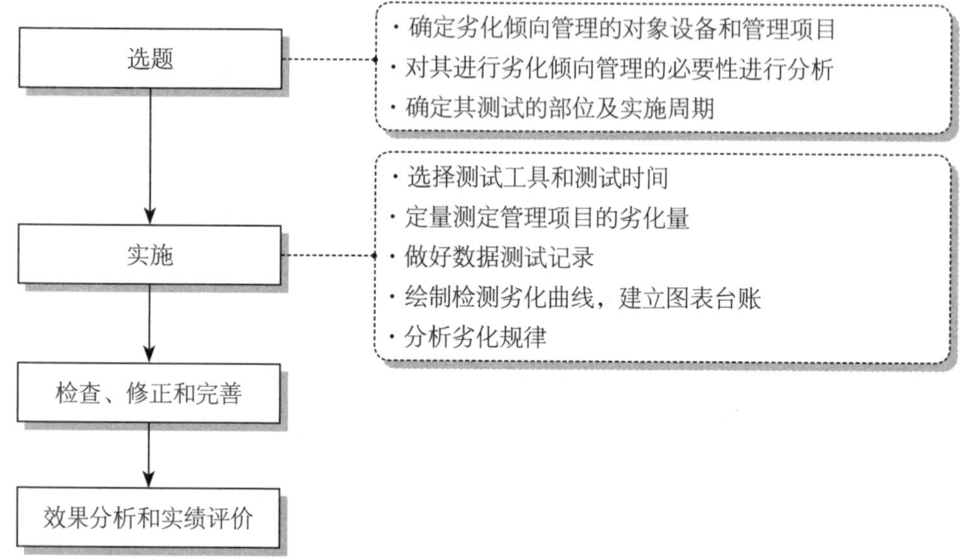

图6-10　劣化倾向管理的实施流程

设备点检管理制度

1.目的

设备点检制度是设备管理的基础制度，符合精细化管理的需求。目的是通过点检准确掌握设备技术状况，维持和改善设备工作性能，预防设备事故发生，减少停机时间，提高设备利用率，延长设备使用寿命，降低维修费用，为生产提供强有力的技术支撑。

2.适用范围

本规定适用于公司所属机车、线路、信号、通信、电力、辅助等所有设备。

3.管理职责

3.1 技术部是公司设备点检的主管部门，负责对公司范围内各设备使用部门的设备点检工作开展情况推进、指导、督促、评价及考核工作。

3.2 各部门设备管理员为兼职设备点检员，负责本部门设备点检工作开展的计

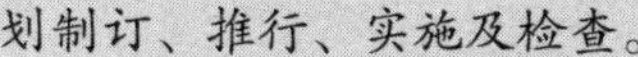

划制订、推行、实施及检查。

3.3 各班组长为本班设备的责任点检员，负责本班组所辖设备点检工作的执行。

4.管理规定

4.1 点检分类

4.1.1 日常点检：即根据设备运行需要，必须每天或者每班实施点检的设备。如内燃机车、油库设备、通信、信号机房设备等。该项工作的责任人为设备操作人员及当班人员。

4.1.2 周期性巡检：即根据设备运行需要，设备使用部门提出至少每周需实施一次巡检的设备，也包括班组长每周对设备日常点检情况的复查。该项工作的责任人为个别设备的操作人员、维护人员及班组长。

4.1.3 阶段性定检：即根据设备运行状况，在合理安排设备维修计划基础上实施的设备维修或保养，如内燃机车小辅修、线路探伤等。该项工作的责任人为设备使用部门的兼职设备点检员，负责维修计划的制订、组织实施及验收评价。

4.1.4 验收性复检：即设备发生故障，维修人员自行实施维修的检验设备性能是否恢复的复检及设备实施大、中修等较大修程时，技术部牵头组织相关部门参与的验收。例如试验台的自主修复属于前者，机车大修验收则归类于后者，均属验收性复检范畴。

4.2 设备点检流程

4.2.1 设备点检流程图

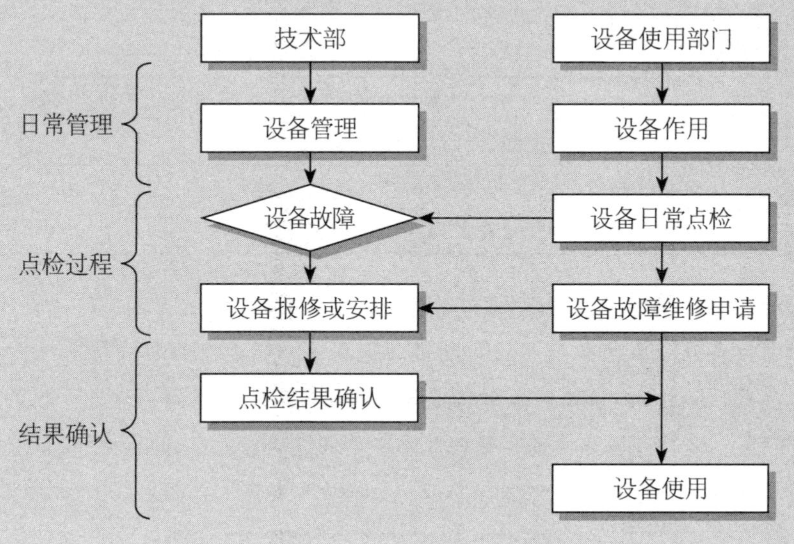

4.2.2 流程图说明与解读

步骤	工作事项	责任岗位	事项说明
1	设备管理	技术部	（1）日常点检由设备操作者执行，技术部不定期抽查，下发检查通报
			（2）设备操作人员必须严格执行设备操作规程，严禁违章操作设备。技术部不定期抽查，下发检查通报
2	设备使用	公司各部门	（1）特种设备作业人员实行持证上岗操作
			（2）设备操作人员只能操作本工种设备，且须按设备操作规程进行操作
			（3）日常保养由设备操作者自主进行，日常保养的内容和标准以各部门下发的设备保养计划为准
3	设备日常点检	公司各部门	设备操作者在每日开工或接班前必须根据“设备点检表”内容对设备进行逐项点检
4	设备异常	公司各部门	设备操作人员在设备点检过程中如果发现设备存在异常情况，应立即上报部门设备管理员，部门内部可自行维修的实施维修，留有记录，不能自行维修的，必须立即通过设备报修程序进行报修
5	设备报修	技术部	依据实际情况选择维修方法
6	设备点检表填写	公司各部门	（1）根据设备点检情况如实填写“设备点检表”
			（2）交接班时必须对设备点检情况进行交接，并附有文字记录
7	点检结果确认	技术部	技术部定期对设备点检结果进行检查，及时下发检查通报
8	设备使用	公司各部门	（1）设备操作人员必须根据相关设备操作规程进行设备操作
			（2）设备操作人员根据相关设备保养内容及标准对设备进行日常保养

4.2.3 其他说明

（1）设备点检表可以使用公司制定的通用表格，也可根据设备特殊需要自行制定，每月1日设备点检操作人员将上月设备点检表上报至部门设备管理员，并领取本月设备点检表，各部门设备管理员做好数据整理，并在部门月度设备分析会上将设备点检情况作为专题版块进行分析，上报技术部。

（2）“设备点检表”及《设备操作规程》应放置在明显位置，并保持书面整洁。

（3）设备点检工作必须在每日设备正常使用前完成，并如实填写当天的“设备点检表”。

4.3 设备巡检流程

4.3.1 设备巡检流程图

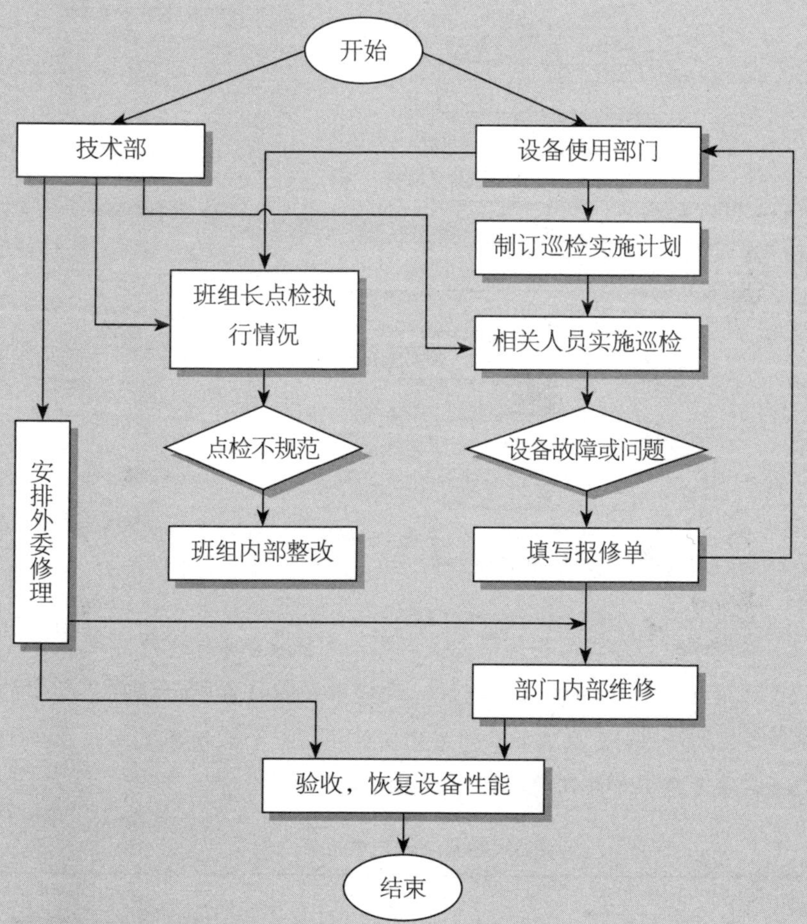

4.3.2 其他说明

（1）技术部实施巡检的内容主要是检查部门巡检执行情况及班组长对所辖设备点检实施情况的检查，设备故障处理流程和设备定检相同。

（2）“设备巡检表”存放位置和相关要求与“设备点检表”相同，各部门可根据实际情况制定，班组长巡检可在“设备点检表”上注明，实施周巡检的设备必须由设备使用部门根据情况制订计划，报技术部批准后方可实施。

4.4 设备定检流程

4.4.1 设备定检流程图

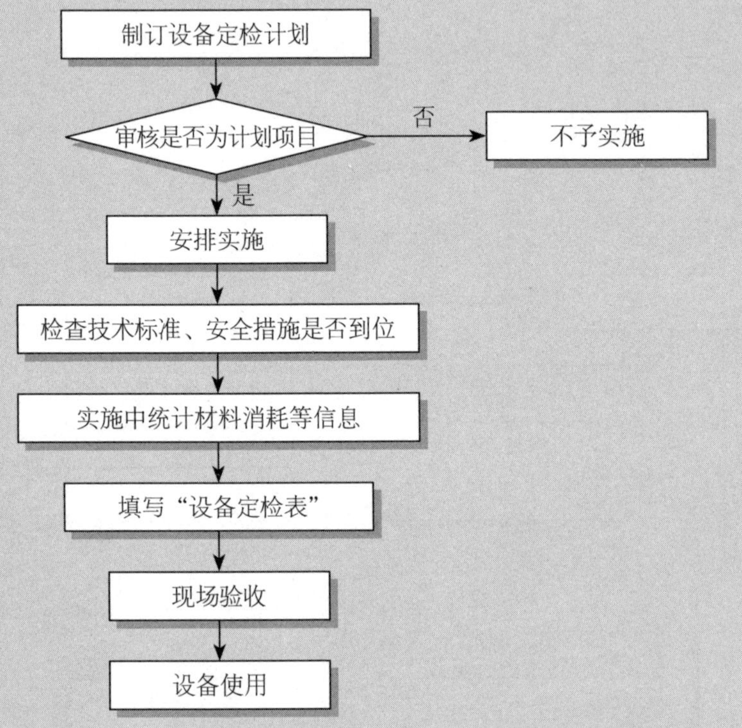

4.4.2 其他说明

（1）阴影方框部分由设备使用部门实施，其余部分由技术部实施。

（2）上述流程主要指机车小辅修、线路维修等设备较小修程，遇有机车大、中修或设备较大修程时，仍需按公司规定实施招投标等系列流程。

（3）设备定检完毕应及时填写“设备定检单”。

设备定检单（以内燃机车为例）

<table>
<tr><td>机车名称</td><td></td><td colspan="4" rowspan="2">内燃机车小辅修定检表</td><td>修程</td><td></td></tr>
<tr><td>机车型号</td><td></td><td>实施时间</td><td></td></tr>
<tr><td>需用工具、器具、量具</td><td></td><td>技术要点</td><td></td><td>需要人数</td><td></td><td>投入工种</td><td></td></tr>
<tr><td colspan="8">实施维修部位及维修标准：</td></tr>
</table>

续表

安全措施	
实施维修消耗材料	
验收情况	

4.5 设备复检

设备复检遵守公司设备管理验收规程。

4.6 设备点检故障处理与反馈

在设备点检中，发现设备存在隐患或故障，应及时在设备点检表中注明，并反馈至设备使用部门兼职点检员，兼职点检员根据故障情况判断应由部门内部自行维修的，自行安排维修，应由公司其他部门实施维修的（如需电工配合等），应根据需要申请维修。如需技术部协调实施外委修理的，按照公司规定在公司OA办公系统上进行申请，并将相关情况反馈至技术部，技术部合理安排外委修理。

4.7 点检范围与周期

4.7.1 点检范围

（1）每日点检设备：内燃机车、通信设备、信号设备、电力设备等需每日检查的设备，也包含车床、钻床、叉车等需在使用前实施点检的设备，点检范围按照点检表执行。

（2）每周巡检设备：轨道衡等设备。按照规定实施每月2次或1次的设备巡检也在此范围，巡检范围按照巡检表执行。

（3）定检设备：含线路维修、内燃机车小辅修等，定检范围按照相关维修标准执行。

（4）复检设备：故障处理完毕恢复设备性能的各种设备，复检范围按照验收相关标准执行。

4.7.2 点检周期

序号	设备名称	点检周期	备注
1	内燃机车	每日2次	在线运用机车
2	叉车、车床、立钻、电焊机、汽车、污水处理设备、计算机中心机房、程控交换机房、调度集中机房、UPS	每日1次	指工作日
3	道岔及矮柱信号机	每周2次	

续表

序号	设备名称	点检周期	备注
4	机车各试验台、砂轮机、轨道衡、超偏载仪、电务各试验台 大屏幕控制系统；现场电视监控系统；车号识别系统；LED大屏幕；站场扩音设备；货检高清视频监控系统；旗台信号楼机械室 减速顶	每周1次	无人值守房间6～8月每周2次
5	线岔设备“三全”检查 旗台变、驼峰变、6号变、7号变 线路重点（咽喉道岔）、薄弱（曲线、道口等）环节检查	每月1次	
6	道岔转辙机、停车器	每2月1次	
7	信号机、轨道电路	每半年1次	
8	内燃机车小辅修	按计划执行	根据运行情况及设备状态制订定修计划

4.8 点检其他要求

4.8.1 各部门根据点检范围划分对部门内设备进行归类，填写或制定各类表格，以提升设备质量为抓手，做好设备点检的各项工作。

4.8.2 各部门点检具体要求：检查计划要科学，根据设备状态合理安排；点检内容覆盖全面，不漏检；点检相关表格及时制定；检查范围围绕设备状态全面进行。

4.8.3 设备点检纳入设备考核范畴。

4.9 检查与考核

4.9.1 检查

（1）技术部负责对公司设备使用部门的设备点检工作开展情况进行检查，以开展设备日查活动为契机，实施不定期检查。

（2）设备使用部门做好日常自查工作，要求每月至少2次，并在设备检查台账上留有记录。

4.9.2 考核

（1）未按规定制定设备点检相关表格的，扣部门月度绩效考核1分，公司要求

整改后仍未按期制定，扣部门月度绩效考核2分。

（2）设备点检表未按规定放置的，每处扣部门月度设备考核2分。

（3）设备点检表填写不及时、不规范的，每处扣部门月度设备考核2分，情节严重者，扣部门月度绩效考核1分。

（4）设备点检台账记录不规范，扣部门月度设备考核2分。

第七章

推行设备计划保全活动

导读

计划保全是通过设备的点检、分析、预知，利用收集的情报，早期发现设备故障停止及性能低下的状态，按计划树立对策实施的预防保全活动和积极地运用其活动中收集资讯的保全技术体系，提高设备的可靠性、保全性和经济性以确立以MP（保全预防）设计支援及初期流动管理体系。

学习目标

1.了解计划保全的基本含义、计划保全的类别、计划保全与自主保全的关联。

2.掌握设备计划保全运作体系、构建设备情报管理体制、建立设备定期保全体制、建立设备预知保全体制、制订计划保全计划、计划保全活动评价的内容、运作步骤和方法、细节。

学习指引

序号	学习内容	时间安排	期望目标	未达目标的改善
1	计划保全的基本含义			
2	计划保全的类别			
3	计划保全与自主保全的关联			
4	设备计划保全运作体系			
5	构建设备情报管理体制			
6	建立设备定期保全体制			
7	建立设备预知保全体制			
8	制订计划保全计划			
9	计划保全活动评价			

一、计划保全的基本含义

计划即管理范畴，也就是事先计划制定目标。保全，即坚持的意思。计划保全也就是说按一种专业的管理方法与专业工具对设备进行维护。计划保全是相对于自主保全而言的。

计划保全主要体现以下几个含义。

（一）管理工具专业化

管理工具专业化指使用的记录表单、操作书都必须专业化。

（二）管理人员专业化

有专门的设备管理部门与人员。

（三）管理方法专业化

管理方法系统、科学。有科学的统计方法与快速的改善手段。

（四）有明确的计划

计划明确，一切工作按计划实施。

（五）有固定的程序

任何工作都用固定程序作指引，并且能保持原因追溯。计划保全的固定程序如图7-1所示。

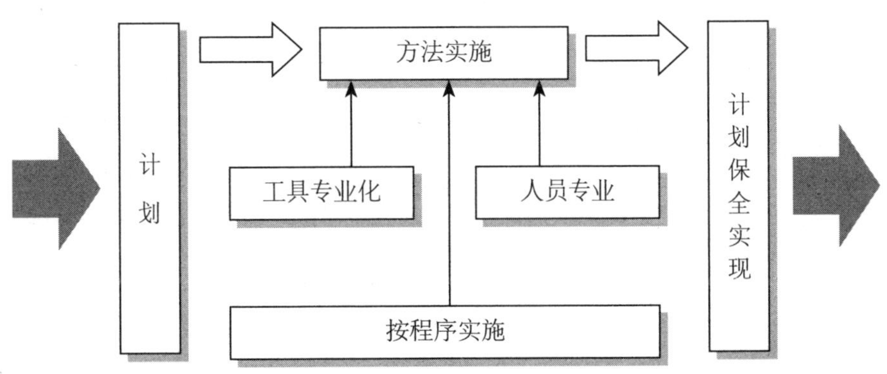

图7-1 计划保全的固定程序

二、计划保全的类别

在设备运行一段时间之后，按照既定的计划进行检查、维护和维修，这些都属于计划保全的范畴。设备的计划保全（设备的检查、保养和修理）是企业生产、技术、财务计划的一个重要组成部分，正确和切合实际的计划维护和维修，可以统一安排人员、物料，做好生产安排，缩短设备停机时间和减少维修损失，实现设备的零故障，做到按时检修设备的同时保证生产正常有序进行。

（一）设备维护保养

设备维护保养一般可采取三级保养制度。三级保养制度是指日常保养、一级保养和二级保养。

1.设备的日常保养

设备的日常维护保养也称例保或日保，包括每班维护保养和周末保养，由设备操作者进行。要求操作人员每日（或每周）必须做到的，并将设备状况及维护状况记录在交接班记录本上。其目的是保持设备达到整齐、清洁、润滑安全的状态，预防故障的发生。

（1）设备的日常维护保养的工作内容与要求

设备的日常维护保养的工作内容与要求如表7-1所示。

表7-1　设备的日常维护保养的工作内容与要求

工作内容	维护保养要求
（1）对设备进行清扫、吹尘、擦拭 （2）对各运动件和润滑点进行润滑 （3）检查各种压力、温度、液体指示信号或传感器信号是否正常 （4）安全装置是否正常，设备运行参数是否正常，电器电子控制柜是否正常，附属设备是否正常等 （5）消除不正常的跑、冒、滴、漏现象，清洁整理设备机房	（1）班前对设备的润滑系统、传动机构、操纵系统、滑动面等进行检查，再开动设备 （2）班中要严格按操作规程使用设备，发现问题及时进行处理 （3）下班前要认真清扫设备，清除铁屑，擦拭清洁，在滑动面上涂上油层 （4）每周末要对设备进行彻底清扫、擦拭，按照“整齐、清洁、润滑、安全”四项要求进行维护

（2）润滑保养

润滑保养是日常保养的重要内容。做好设备润滑的“五定管理”工作（图7-2），就是把日常润滑技术管理工作规范化、制度化，以保证润滑工作的质量。

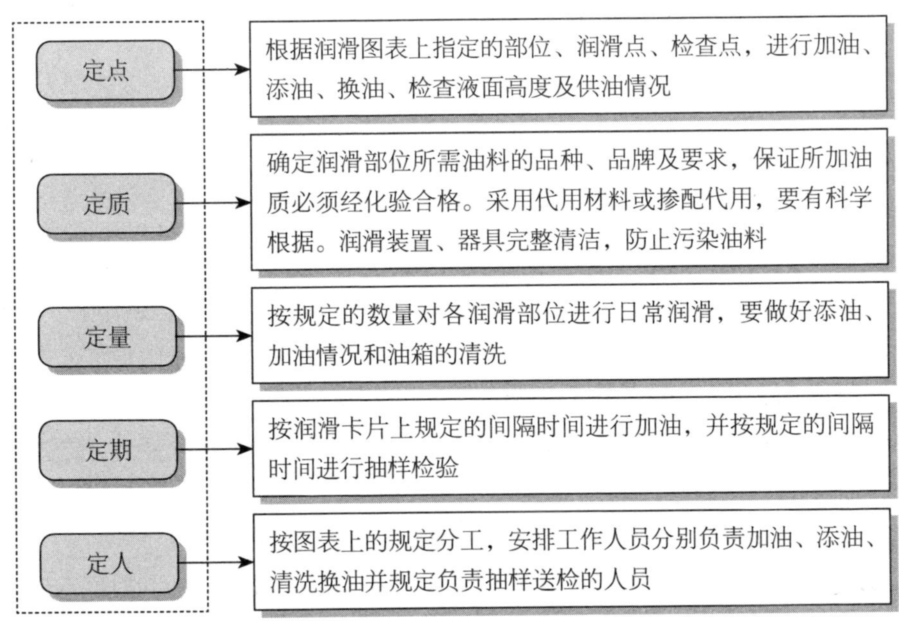

图7-2　设备润滑的“五定管理”工作

设备部门应编制润滑“五定管理”规范表，具体规定哪台设备，设备的哪个部位，用什么油，加油（换油）周期，用什么加油装置，由谁负责等。

（3）填写日常保养卡

设备操作人员在进行保养时，要做好记录的填写，便于掌握设备的日常保养状况。日常保养卡见表7-2。

表7-2　日常保养卡

年　月

机器名称				编号					
直接保养责任人				直接上级					
保养内容／日期	周围环境	表面擦拭	加油润滑	固件松动	安全装置	放气排水	……	保养签章	上级签章
1									
2									
3									
…									
31									

2.设备的一级保养

设备的一级保养又简称为定期保养，也称一保或定保，它是一种以操作人员为主体，维修人员辅助进行的一种有计划的保养方式。一保的质量应由设备管理人员检查验收，并在维护保养单上签署验收结果和意见存档。一保的主要目的是消除一般故障隐患，减少磨损，延长使用寿命。

（1）一级保养的内容

一级保养具体实施时以操作人员为主，维修人员为辅。其主要内容如下。

① 清扫、检查电气箱、电动机，做到电气装置固定整齐，安全防护装置牢靠。

② 清洗设备相关附件及冷却装置。

③ 按计划拆卸设备的局部和重点部位，并进行检查，彻底清除油污，疏通油路。

④ 清洗或更换油毡、油线、滤油器、滑导面等。

⑤ 检查磨损情况，调整各部件配合间隙，紧固易松动的各部位。

一般而言，设备累计运转500小时可进行一次一级保养，保养停机时间约8小时。

（2）填写一级保养卡（表7−3）

要填写设备维护保养卡，对调整、修理及更换的零件、部件做出记录，同时将发现尚未解决的问题进行记录，为日后的修理提供依据。

表7-3　一级保养卡

设备名称			设备编号	
一级保养者			督导者	
项次	保养项目	标准	保养周期	保养结果记录
1				
2				
3				
4				
…				

3.设备的二级保养

设备的二级保养，也称二保。它是在规定的时间周期或运行时间的基础上，按照事先编制和安排好的计划进行。二级保养除一保内容外，增加了部分检修内容，以维修人员为主体、操作人员参与的一种定期保养方式。二保的主要目的是使设备达到完好标准，提高设备完好率，延长大修周期。

（1）保养的内容

二级保养的实施主要以维修人员为主，操作人员参加。其主要内容如下。

① 对设备进行部分解体检查和修理。

② 对各主轴箱、变速传动箱、液压箱、冷却箱进行清洗并换油。

③ 修复或更换易损件。

④ 检查、调整、修复精度，提高校准水平。

二级保养要保证主要精度达到工艺要求，二级保养的周期视设备具体情况而定。一般来说，设备每运转2500小时，就要进行一次二级保养，停机时间大约32小时。

（2）相关表单

① 二级保养卡（表7–4）。这是保养的记录，必须认真填写。

表7-4　二级保养卡

设备名称		设备编号	
保养方式	1. 自行实施（　　）2. 厂外实施（　　）		
责任部门		责任人	
保养周期			
厂外实施单位			
项次	保养项目	保养情况记录	保养费用
1			
2			
3			
…			

② 二级保养效果检查表（表7–5），为以后设备的维修提供数据参考。

表7-5　二级保养效果检查表

设备名称		设备编号	
保养方式	1. 自行实施（　　）2. 厂外实施（　　）		
责任部门		责任人	
保养周期			
厂外实施厂名			
保养时间			

续表

保养成本			
项目	保养前	保养后	升降率
工作效率			
故障率			
……			
综合评价			

（二）设备的维修

设备状态劣化或发生故障后，为了恢复其功能和精度，企业应对设备的局部或整机进行检查并选择合适的维修方式，以使其恢复到正常的工作状态。根据维修内容和技术要求以及工作量的大小，设备维修工作可分为大修、项修和小修三类。

1. 大修

设备的大修是工作量最大的计划维修。大修时，对设备的全部或大部分部件解体；修复基准件，更换或修复全部不合格的零件；修复和调整设备的电气及液、气动系统；修复设备的附件以及翻新外观等；达到全面消除修前存在的缺陷，恢复设备的规定功能和精度。

2. 项修

项修是项目维修的简称。它是根据设备的实际情况，对状态劣化已难以达到生产工艺要求的部件进行针对性维修。项修时，一般要进行部分拆卸、检查、更换或修复失效的零件，必要时对基准件进行局部维修和调整精度，从而恢复所修部分的精度和性能。项修的工作量视实际情况而定。项修具有安排灵活，针对性强，停机时间短，维修费用低，能及时配合生产需要，避免过剩维修等特点。对于大型设备，组合机床，流水线或单一关键设备，可根据日常检查、监测中发现的问题，利用生产间隙时间（节假）安排项修，从而保证生产的正常进行。

3. 小修

设备小修是工作量最小的计划维修。对于实行状态监测维修的设备，小修的内容是针对日常点检、定期检查和状态监测诊断发现的问题，拆卸有关部件，进行检查、调整、更换或修复失效的零件，以恢复设备的正常功能。对于实行定期维修的设备，小修的主要内容是根据掌握的磨损规律，更换或修复在维修间隔期内即将失效的零件，以保证设备的正常功能。

设备修理的具体工作内容见表7-6。

表7-6 设备修理的具体工作内容

标准要求	修理类别		
	大修	项修	小修
拆卸分解程度	全部拆卸分解	针对检查部位，部分拆卸分解	拆卸、检查部分磨损严重的机件和污秽部位
修复范围和程度	维修基准件，更换或修复主要件、大型件及所有不合格的零件	根据维修项目，对维修部件进行修复，更换不合格的零件	清除污秽积垢，调整零件间隙及相对位置，更换或修复不能使用的零件，修复达不到完好程度的部位
刮研程度	加工和刮研全部滑动接合面	根据维修项目决定刮研部位	必要时局部修刮，填补划痕
精度要求	按大维修精度及通用技术标准检查验收	按预定要求验收	按设备完好标准要求验收
表面修饰要求	全部外表面刮腻子，打光，喷漆，手柄等零部件重新电镀	补漆或不进行	不进行

关于设备的维修管理请参见第八章。

三、计划保全与自主保全的关联

计划保全需要专业人员对设备进行专业管理，而自主保全主要依靠员工自我操作来管理设备，两者都是设备管理中不可分割的部分。

计划保全常用于设备的高级维护、高级维修与设备政策制定等领域，而自主保全则用于日常设备细微维护与设备管理政策的执行。

（一）计划保全与自主保全的不同点

计划保全与自主保全的不同点，见表7-7。

表7-7 计划保全与自主保全的不同点

项目	计划保全	自主保全
目的	指导和帮助自主保全活动的开展，减少对外部专业机构的依赖，降低维护费用	通过及时的保全维护和改善，消除缺陷；通过有步骤的自主活动，提高员工的保全意识和保全能力

续表

项目	计划保全	自主保全
方式	为了完善工厂及设备的保全体制，建立一支值得信赖的专业保全队伍	员工按一定的步骤，持续不断地对场所、设备、工厂进行维护和改善，最终实现自主保全的目标
主导成员	设备管理部门和设备专业人员	设备操作工
技能水平	计划保全活动要求设备保全主要实施人员既要有高水平的设备维修技能，也要有比较适用的设备管理方法	设备操作工只需要懂得日常维护即可
管理范围	制定科学的管理方法，并对全企业设备管理进行跟踪	对所负责的设备进行维护，并做好日常记录
花费成本	由于需要有专业人员参与专业工具的使用，一般成本较高	员工自行维护，可以节约成本
效果	由于管理专业，因此设备管理效果较好	由于员工水平有限，因此设备管理只能限于比较低的层次

（二）计划保全与自主保全的关联点

计划保全的目的在于建立一个比较完善的设备管理系统，因此管理也相对专业。但在目前企业里的事实是：专业人员比较少，管理无法覆盖整个企业。如果增加设备专业人员，必然导致成本的加大；同时也会使一线员工的依赖性增强，从而不利于员工作用的发挥。

员工自主保全也存在管理思维不清晰的弊端，由于自主保全过于放任与分散，容易导致设备管理目标的不明确；另外，大多数员工都不具备解决设备故障的技能，所以需要用计划保全来协助。

两者存在的关联点如下。

① 计划保全指导和帮助自主保全活动的开展，如图7−3所示。

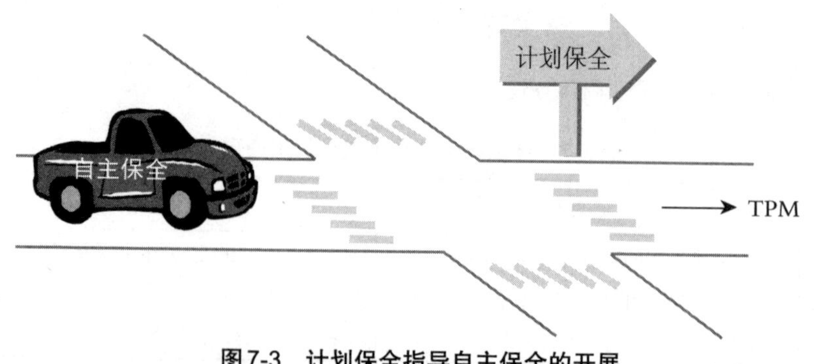

图7-3　计划保全指导自主保全的开展

② 弥补计划保全不充分的漏洞。

计划保全需要预先做计划，而计划中也包括自主保全的工作内容；自主保全只有沿着计划保全规定的方向前行，才能达到TPM目标。

四、设备计划保全运作体系

设备计划保全运作体系无非是三个方面的内容：第一是操作体系，即日常如何操作；第二是组织体系，即由哪些人组成；第三是制度体系。设备计划保全运作体系不是某一个人或者一群人的一次性活动，而是一个企业的系统化、持久化的管理。整个计划保全运作体系要解决以下四大问题。

① 设备管理如何计划。

② 计划后如何实施，需要何种方式去监控。

③ 设备管理目标如何考核。

④ 如何化解生产紧迫与设备管理成本的矛盾。

对于计划保全运作体系规划的要素，笔者认为有三个层面：组织系统、操作系统和监督系统（图7-4）。组织系统，主要是推行人员，必须有一个标准化和规范化的选拔标准。因为企业的类型不一样，所处的阶段和面临的问题也不一样，选用人员必须具备管理技能与设备维修技能。而操作系统，不仅仅是文件或者讨论会议这两种形式，而更多在于如何执行文件操作；至于操作效果如何，必须有监督系统来考核。这三个层次中组织系统是一个最为核心的系统。

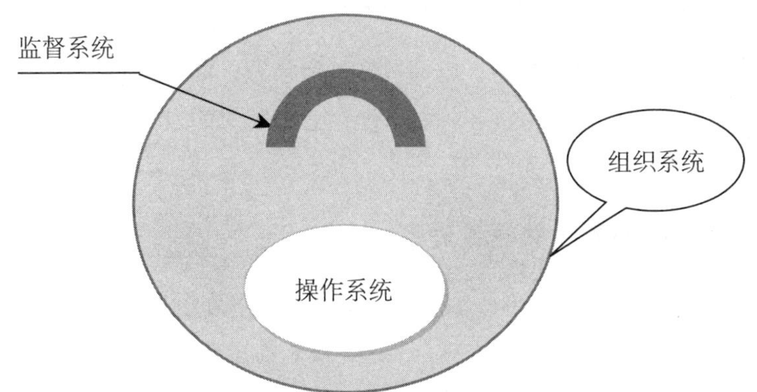

图7-4　计划保全三大系统的关系

在一般的企业中，设备计划保全运作体系组织通常由设备管理部门与各个车间技术员组成。设备管理组长负责制定活动方针、召开会议以及设备计划保全的各项审议与决策。

在具体的实际车间操作中，可以由各车间技术员负责日常管理工作，设备管理部门的设备技术员给予协助。

对于设备计划保全运作体系的监督考核，一般采用由上级考核下级的方式。对于车间技术员的考核可由车间主管负责，而设备管理部的设备技术员可由设备管理组长负责。

设备计划保全运作总效果的考核由企业考核组负责实施，考核标准由设备管理组组长来制定。

设备计划运作的组织如图7–5所示。

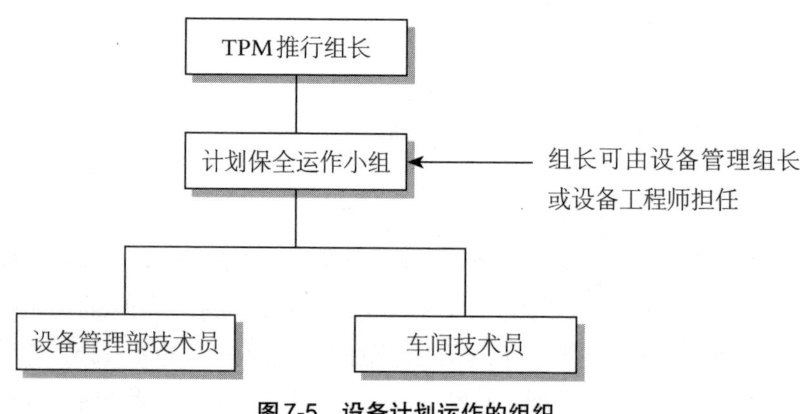

图7-5　设备计划运作的组织

五、构建设备情报管理体制

为了能够及时发现设备问题，掌握设备运行情况，以便能够在最快的时间内提出解决方案，必须构建设备情报管理体制。在企业中常见的设备情报管理体制的构建包括四个方面的内容。

（一）构建设备故障数据管理系统

常见的设备故障数据管理系统的主要内容包括数据的采集、故障分析以及管理。

例如，目前最常见的系统是EMT设备数据采集、故障分析及管理系统EMT390。该系统数据由采集器和功能强大的故障分析及设备管理软件组成。主要通过状态数据判定设备运行状态，与各种波谱共同分析诊断、预测设备故障。

该系统可以通过振动趋势曲线准确掌握设备的运行状态和发展趋势；同时还能精密诊断设备转子不平衡、轴不对中、轴弯曲、基础松动、油膜振荡、轴承齿轮故障等一系列设备故障。

（二）构建设备保全管理系统

要构建设备保全管理系统，必须完善设备履历管理与整修、检查计划。设备履历（表7-8）应包括设备使用年限、保养内容以及更换零件等相关内容。

表7-8　设备履历

机名		编号		机型	
制造厂		制造日期			
使用年限		启用日期			
日期	保养内容	更换零件	维修者	审核	备注

（三）设备预算管理系统

设备预算管理主要指设备的耗用费用支出管理。一般耗用费用支出用于以下三个方面：设备购置、设备维修和设备安装。而设备预算管理主要是对各个环节费用使用情况进行监控，见表7-9。

表7-9　20__年项目投入预算支出汇总明细

——固定资产购置、维修、安装项目明细

申请部门：　　　　　　　　　　　　　　　　　　金额单位：万元

项目	申请数量	预算金额	审批金额	备注
一、设备购置项目		—	—	
1.机加设备		—	—	
2.铸造设备		—	—	
3.其他设备		—	—	

续表

项目	申请数量	预算金额	审批金额	备注
二、设备维修项目		—	—	
三、设备安装项目		—	—	
四、其他投资项目		—	—	
总计				
总经理		设备管理部长		制表

注：填列本表相关项目，必须就投入的必要性做文字说明。设备明细可另附表。

（四）设备备品管理系统

设备备品管理主要是指日常设备在线备品与库存备品的管理。其目的是用最经济的方法为设备管理提供最快捷的支持。其管理内容包括以下方面。

1.备件的技术管理

技术基础资料的收集与技术定额的制定工作，包括备件图纸的收集、测绘、整理，备件图册的编制；各类备件统计卡片和储备定额等基础资料的设计、编制及备件卡的编制工作。

2.备件的计划管理

备件的计划管理指备件由提出自制计划或外协、外购计划到备件入库这一阶段的工作，可分为：

① 年、季、月自制备件计划；

② 外购备件年度及分批计划；

③ 铸、锻毛坯件的需要量申请、制造计划；

④ 备件零星采购和加工计划；

⑤ 备件的修复计划。

3.备件的库房管理

备件的库房管理指从备件入库到发出这一阶段的库存控制和管理工作，包括备件

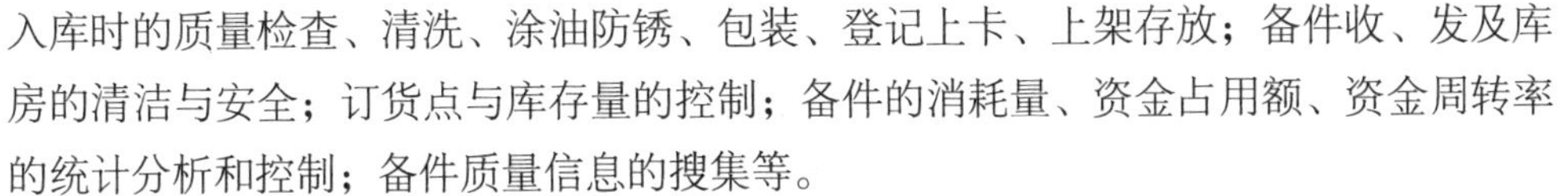
入库时的质量检查、清洗、涂油防锈、包装、登记上卡、上架存放；备件收、发及库房的清洁与安全；订货点与库存量的控制；备件的消耗量、资金占用额、资金周转率的统计分析和控制；备件质量信息的搜集等。

4.备件的经济管理

备件的经济核算与统计分析工作，包括备件库存资金的核定、出入库账目的管理、备件成本的审定、备件消耗统计和备件各项经济指标的统计分析等。经济管理应贯穿于备件管理的全过程，同时应根据各项经济指标的统计分析结果来衡量检查备件管理工作的质量和水平，总结经验，改进工作。

备件管理机构的设置和人员配置，与企业的规模、性质有关。

专用备件资料卡见表7-10。

表7-10　专用备件资料卡

机器名称		规格型号		台数	
项次	备件名称	规格型号	单位使用时间	经验存量	备注

六、建立设备定期保全体制

生产性企业组织的主要活动是生产活动，而设备管理活动是一项生产辅助性活动。尽管有的企业强调全员参与设备保养，但是全员参与不能等同于主要工作。设备保养是按计划的周期性进行的，设备计划保全的目的在于为设备建立一套定期保全体制，从而在制度上确保设备保养在可控制条件下进行。因此，要建立定期设备保全体制必须做好以下几方面内容。

（一）定期保全的准备活动

定期保全的准备活动包括物质准备与人员准备。企业必须首先储备符合条件的人。但人从何而来呢？最直接的方式就是招聘，目前大多数企业都是通过进行内部培训而获得的。而物质准备主要是设备备品的准备，因此，建立一个完善的设备备品管理体系是非常主要的。设备备品管理必须从备品源头抓起，如以下内容。

① 备品的编码。

② 备品的采购。

③ 备品的验收。

④ 备品的存量管理。

⑤ 备品的计划。

⑥ 备品的换新。

（二）制定定期保全业务程序

企业应制定定期保全业务程序，从程序上规范定期保全工作是计划保全最为核心的工作。一般的业务程序内容包括负责人、保全频率、计划步骤以及要求。

（三）拟订对象设备的保全计划

企业应针对具体设备提出相应的保全计划，计划内容应该将各阶段的保全项目罗列出来，保全计划必须详细具体，见表7–11和表7–12。

表7-11　设备保养计划

部门：　　　　　　　　　　　　　　　年　月　日

序号	设备编号	设备名称	保养内容	保养周期	保养时间	保养人	完成情况

表7-12　机车辅助设备维保计划

序号	设备名称	维保类别	安排	日期	维保项目实施	实施人员
1	落轮机	一保	计划			
			实际			
2	空压机	一保	计划			
			实际			
3	智能充放电机	一保	计划			
			实际			
4	电焊机	一保	计划			
			实际			

续表

序号	设备名称	维保类别	安排	日期	维保项目实施	实施人员
5	制动试验台	一保	计划			
			实际			
6	喷油器试验台	一保	计划			
			实际			
7	电子恒功试验台	一保	计划			
			实际			
8	压力表试验台	一保	计划			
			实际			
9	超声波探伤仪	一保	计划			
			实际			
10	磁粉探伤仪	一保	计划			
			实际			
11	砂轮机	一保	计划			
			实际			
12	便携式空压机	一保	计划			
			实际			
存在问题：						

（四）制定各种设备基准

设备基准是指设备计划保全的各种标准，包括保养验收标准、设备备品入库标准等一些标准。

该标准视具体设备而定，设备各阶段的标准会不相同。因此，制定标准时，需要征询设备制造厂家。

七、建立设备预知保全体制

人们常说“防患于未然”，意思是说在问题没有发生之前将问题解决掉。但防患只能防范偶发事件，对于必发事件提前采取回避的方式，却不能解决问题。设备故障是设备必然产生的，因此应在设备故障产生之前预知其发展趋向，这显然将有助于我们提前采取方法，避免生产停止的损失。要预知设备故障的产生，可从以下两个方面入手。

（一）引进设备诊断技术

设备诊断技术是在设备运行中或基本不拆卸设备的情况下，掌握设备运行现状，利用设备产生的各种信息，通过检测手段判断产生故障的部位和原因，并预测故障发展的技术。故障诊断技术的发展，使其修理制度也由预防性维修发展到预知性维修，大大提高了修理质量，缩短了修理周期，减少了故障的发生，保证了设备的正常生产。

1.设备诊断技术的构成

（1）检查测量技术

该技术需要测量应力参数、征兆参数、性能参数和强度参数。

（2）信号处理技术

因设备诊断常在生产现场甚至恶劣环境下进行，信号处理技术的运用是诊断的关键。常用的设备信号处理技术如下。

① 时间系列信号处理技术。用来表现各种参数的时间函数。这些参数包括振动、声响和各类主要效应参数。

② 图像处理技术。它把信号表现为空间位置函数，即表现为几何图像。

③ 模式识别技术。

④ 多变量分析技术。

⑤ 光学处理技术。它是利用光学原理进行的图像处理和模式识别的处理技术。

（3）识别技术

识别技术是指掌握观测到的征兆参数并预测其故障的技术，即了解预测原因的技术。

（4）预测技术

预测技术就是对已被识别出来的故障进行预测，预测故障的发展及完全失效时间，以确定对策。

2.设备故障诊断的类型

设备故障诊断的类型有四种，如图7-6所示。

简易诊断和精密诊断

简易诊断是由现场人员实施的，是对设备劣化和故障的趋向控制，性能效率的趋向控制，应力的趋向控制，以及对设备的检测、监测等。精密诊断是对简易诊断提出的故障设备的详细诊断，能判定故障源、故障种类及程度。精密诊断由专业的诊断技术人员实施

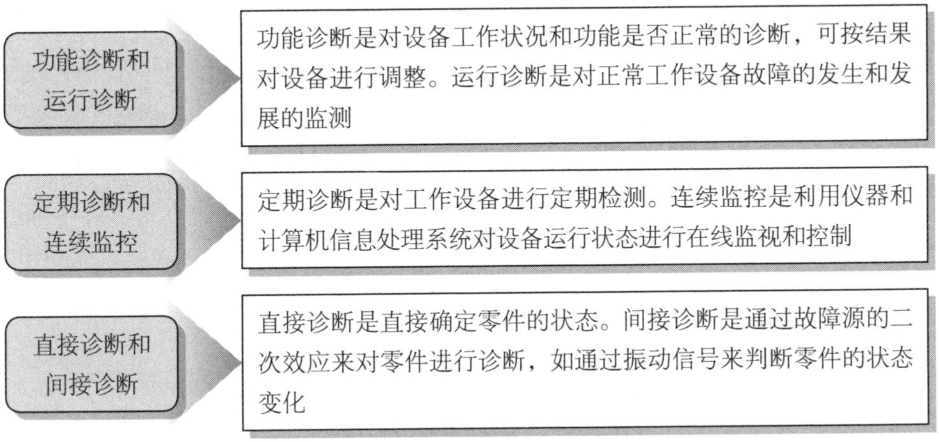

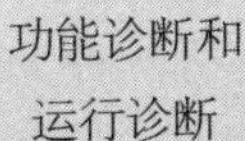

功能诊断是对设备工作状况和功能是否正常的诊断，可按结果对设备进行调整。运行诊断是对正常工作设备故障的发生和发展的监测

定期诊断和连续监控

定期诊断是对工作设备进行定期检测。连续监控是利用仪器和计算机信息处理系统对设备运行状态进行在线监视和控制

直接诊断和间接诊断

直接诊断是直接确定零件的状态。间接诊断是通过故障源的二次效应来对零件进行诊断，如通过振动信号来判断零件的状态变化

图7-6　设备故障诊断的类型

3.设备状态信号及信号获取

设备状态信号有机械信号，即设备状态劣化而产生的动作状态变化信号；电磁信号，即电流、电压、磁感应密度及部分放电、导磁等电气、磁力信号；化学信号，即设备劣化过程新生成或过量生成的物质，如液体、气体等化学物质产生的信号。获取信号常用传感器，不同类型的信号（如温度、裂纹、振动、腐蚀等）要选择不同的传感器。

4.各种故障现象

一般的故障现象有异常振动、异常声音、异常温度、泄漏、裂纹、腐蚀、材质劣化、松动、润滑油劣化和电气系统（如电动机、电缆、变压器等）异常等。

（二）制定预知保全业务体系程序

企业通过程序化来固定预知保全业务体系，从而建立一系列的设备故障预防体系，是推行TPM的一个重要目的。预知保全体系程序必须有四个前提条件。

① 设备状态检测技术。

② 设备故障检测技术。

③ 设备数据信息系统。

④ 设备管理人员的专业。

有了这四个前提后，还必须有相对应的设备预防制度。预防制度内容需要包括5S、上油、润滑、安全操作等一些制度。

八、制订设备保全计划

企业要想进行设备保全，必须首先制订一份计划。制订设备保全计划的基础是企业下一个生产周期的整体经营目标。

例如，某企业去年生产A、B、C、D四种产品，全年营业额是1亿元，今年要生产B、C、D、E四种产品，计划营业额要达到1.5亿元。这个量化目标对于设备管理者的意义在于：第一，可以依据它分析现有设备的产能是否能实现增长目标，如果不能，需要增加多少设备；第二，设备在下一年度可能出现哪些故障，需要相应更换哪些零配件等。

（一）保全计划的类型

经过量化分析，管理者便能确定保全预算和修理基准，填写保全计划的内容。企业可以将保全计划进一步细化，具体分为年度保全计划、月度保全计划、周保全计划、日保全计划和项目计划等，以提高计划的可行性，具体如图7–7所示。

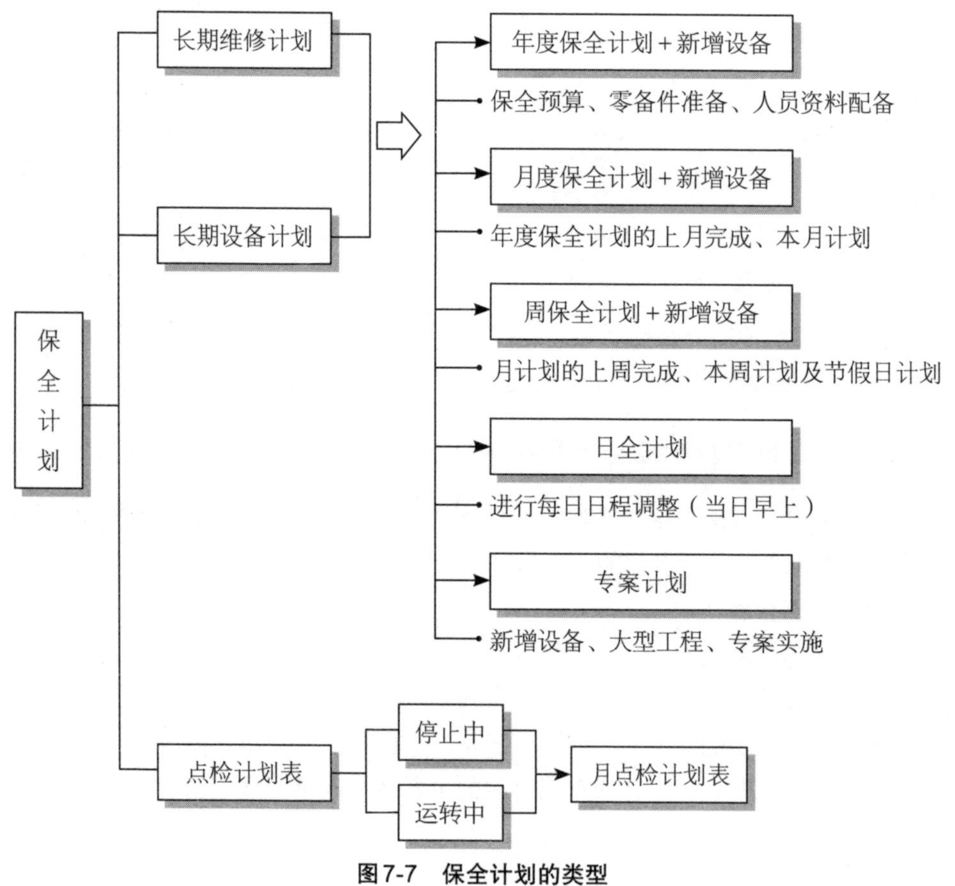

图7-7　保全计划的类型

（二）编制保全计划

一般由企业设备管理部门负责编制企业年度、季度及月度的设备保全计划，经生

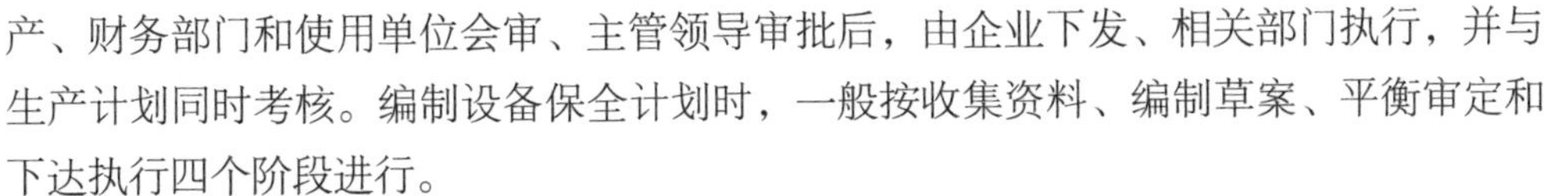

产、财务部门和使用单位会审、主管领导审批后，由企业下发、相关部门执行，并与生产计划同时考核。编制设备保全计划时，一般按收集资料、编制草案、平衡审定和下达执行四个阶段进行。

1.收集资料

编制计划前，设备管理部门应做好数据的收集和分析工作。资料主要包括设备技术状况方面的数据以及其他编制计划需要使用和了解的数据。

2.编制草案

在编制保全计划时，设备管理部门应认真考虑以下主要内容，如图7–8所示。

1　充分考虑生产对设备的要求，力求减少重点、关键设备的使用与修理时间的矛盾

2　重点考虑将大修、项修设备列入计划的必要性和可能性，如在技术上、物资上有困难，应分析研究并制定补救措施

3　设备的小修计划基本可按使用单位的意见安排，但应考虑备件供应的可能性

4　根据本企业的设备修理体制（企业设备修理机构的设置与分工）、装备条件和维修能力，初步确定由本企业维修的设备以及委托外企业维修的设备

5　在安排保全的维修项目和进度时，既要考虑维修需要的轻重缓急，又要考虑维修准备工作的时间，并按维修工作定额平衡维修单位的劳动力

图7-8　编制草案应考虑的内容

在正式提出设备保全维修计划之前，设备管理部门应组织部门内负责设备技术状况管理、维修技术管理、备件管理的人员及设备使用单位的机械动力师等相关人员逐项对维修计划进行讨论，认真听取各方面的有益意见，力求使计划草案满足必要性、可行性和合理性的要求。

3.平衡审定

计划草案编制完毕后，设备管理部门应将草案分发给各使用单位和生产管理、工艺技术及财务部门审查，收集各部门对相关项目增减、轻重缓急、停歇时间长短、维修日期等问题的修改意见。

经过对各方面的意见加以分析和做必要修改后，设备管理部门正式编制出保全计划及其说明，在说明中应指出计划的重点、影响计划实施的主要问题和解决的措施。经生产管理和财务部门会签、送总机械动力师审定后，报主管厂长审批。

4.下达执行

由企业生产计划部门和设备管理部门共同下达设备保全计划，并作为企业生产经营计划的组成部分进行考核。

（三）年度大修、项修计划的执行和修订

设备年度大修、项修计划是经过充分的调查研究，从技术上和经济上综合分析了必要性、可能性和合理性后制定的，企业必须认真执行。

下面是某企业年度大修计划表和设备项修计划范本，供读者参考。

（1）

××年度设备大修计划表

序号	设备编号	设备名称	型号规格	所在部门	大修内容	所需主要材料规格与数量	预计费用/元	计划实施时间	备注
1		行车滑触线		1号镀锌线	更换	50×50角钢410米	11000	2月	
2		行车滑触线		2号镀锌线	更换	50×50角钢270米	7500	6月	酸洗池处不换
3		行车滑触线		3号镀锌线	更换	50×50角钢170米	4700	10月	
4		塔吊		厂区西南角	操作室外壳更换，紧固，更换塔身螺栓，防腐等	操作室外壳一个，M36×360高强度螺栓、螺母30套	9000	2月	外协
5		螺杆压缩机		铁塔角钢车间	更换主控器、控制面板，机油过滤器、空气滤芯器	更换主控器、控制面板、机油过滤器、空气滤芯器	6500	4月	外协

续表

序号	设备编号	设备名称	型号规格	所在部门	大修内容	所需主要材料规格与数量	预计费用/元	计划实施时间	备注
6		龙门吊		2号线成品货仓	防腐、钢结构加固	防锈漆12千克装4桶	5000	3月	外协
7		交流发电机组		1600千伏配电房	发电机定、转子及联轴器	联轴器1个，弹性圈8个	7000	11月	发电机外协
8		龙门吊轨道		1号线成品货仓	调整紧固		30000	8月	外协
9		双盘摩擦压力机		铁塔角钢车间	导轨外修，更换丝杠内螺母	丝杠内螺母1个	500	7月	
10		全自动角钢生产线		铁塔角钢车间	更换所有液压密封件，酌情更换活塞杆导套、液压油及高低压油泵一台	高低压油泵1台 液压油300千克	15000	5月	

××年设备项修计划

序号	修理项目	预计费用/元	计划完成时间	实际完成时间	项目负责人
1	MA线A5腐蚀箱检修	10000	春节		
2	除锈槽制作更换安装	15000	5月		
3	MB线氯气蒸发器清理	10000	春节		
4	MB线干燥炉调偏装置改造	30000	4月		
5	空调系统保养修理	10000	5月		
6	“三废”设备修理	15000	春节		
7	氯气处理系统修理	5000	10月		

续表

序号	修理项目	预计费用/元	计划完成时间	实际完成时间	项目负责人
8	温控系统改造	25000	7月		
9	硫酸槽更换	5000	7月		
10	酸排风系统修理	4500	7月		

企业在执行设备年度大修、项修时必须提交申请，如表7-13所示。但在执行中由于某些难以克服的问题，企业必须对原定大修、项修计划进行修改的，应按规定程序进行修改。符合下列情况之一的，可申请增减大修、项修计划。

① 设备事故或严重故障，必须申请安排大修或项修才能恢复其功能和精度。

② 设备技术状况劣化速度加快，必须申请安排大修或项修才能保证生产工艺要求。

③ 根据修前预检，设备的缺损状况经过小修即可解决，而原定计划为大修、项修者应削减。

④ 通过采取措施，如设备的维修技术和备件材料的准备仍不能满足维修需要，设备必须延期到下年度进行大修、项修。

表7-13　设备大修、项修申请

资产编号		设备名称		型号规格	
制造厂		出厂编号		出厂日期	
已大修次数		上次修理日期		启用日期	
安装地点		要求修理日期		复杂系数	
目前使用情况及存在问题	使用部门负责人： ______年___月___日				
生产部门	负责人： ______年___月___日				
设备部门	负责人： ______年___月___日				
备注					

九、计划保全活动评价

计划保全活动到底运行得如何？必须对各阶段实施有效的评价才能知晓。而计划保全活动的目的在于提高生产效率并且降低生产成本。同时，在实施过程中，各阶段均应有相应的目标。因此，对于计划保全活动可以从生产效率、成本、各阶段标准来进行评价。

① 各阶段的活动行为是否按照标准要求进行？见表7-14。

表7-14　活动行为评估示例

序号	项目	要求完成时间	效果	改进方案
1	设备诊断技术是否落实	1月3日	不会运用	换人
2	设备保养制度是否制定	1月4日	与实际不符	询问设备制造厂
3	设备维修制度是否完成	1月5日	完成	立即落实
4	专业人员是否培训完毕	1月6日	3人不及格	再培训

② 生产率是否提高了？

③ 生产成本是否降低了？

第八章

设备维修管理

导 读

影响设备维修时间和质量的重要因素就是设备管理水平。运用现代化的管理方式，并在保证检查维修质量的情况下，尽最大努力缩短维修时间，如此，生产效率和设备的可开动效率将会得到很大的提高。

学习目标

1. 了解设备维修的目的、设备维修方式。

2. 了解设备维修计划的类别，掌握年度维修计划、季度维修计划、月度维修计划的编制步骤和方法。

3. 了解设备维修的准备工作和维修实施阶段的各项事务，掌握各项事务的操作步骤、细节、方法和注意事项。

4. 掌握设备维修量检具的管理方法。

5. 了解设备维修量检具选择原则，掌握设备维修量检具管理要点及方法。

学习指引

序号	学习内容	时间安排	期望目标	未达目标的改善
1	设备维修的目的			
2	设备维修方式			
3	编制设备维修计划			
4	设备维修的准备工作			
5	维修实施阶段管理			
6	设备维修量检具管理			

一、设备维修的目的

设备在使用过程中，随着零、部件磨损程度的逐渐增大，设备的技术状态将逐渐劣化，以致设备的功能和精度难以满足产品质量和产量要求，甚至发生故障。设备技术状态劣化或发生故障后，为了恢复其功能和精度，采取更换或修复磨损、失效的零件（包括基准件），并对局部或整机进行检查、调整的技术活动，称为设备维修。造成设备需维修的原因很多，具体如图8-1所示。

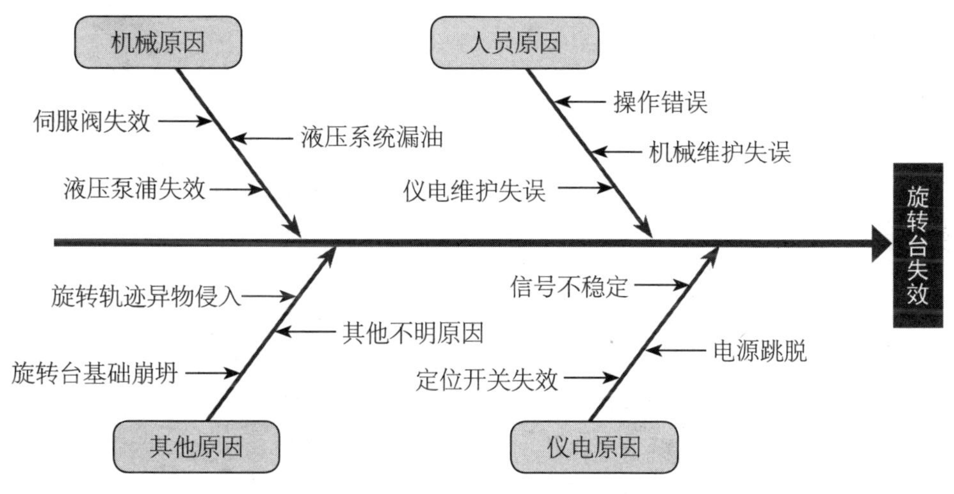

图8-1 设备维修原因分析

二、设备维修方式

设备修理方式也称设备维修方式，它具有设备维修策略的含义。

（一）设备维修原则

选择设备维修方式的一般原则如下。

① 通过维修，消除设备修前存在的缺陷，恢复设备规定的功能和精度，提高设备的可靠性，并充分利用零部件的有效寿命。

② 力求维修费用与设备停修对生产的经济损失两者之和为最小。

（二）设备维修方式

现代工业企业的生产方式分为单件小批量生产、自动化或半自动化流水线大批量生产、流程生产等。对不同生产方式的企业，主要生产设备的停修对企业（车间）整体生产的影响差异较大。它是选择设备维修方式应考虑的主要因素。企业对设备可以采用不同维修方式。

1.预防维修

为了防止设备的功能、精度降低到规定的临界值或降低故障率，按事先制订的计划和技术要求所进行的修理活动，称为设备的预防维修。

2.事后维修方式

事后维修也称故障维修，它是指设备发生故障或性能、精度降低到合格水平以下，因不能再使用所进行的非计划性维修。

生产设备发生故障后，往往给生产造成较大损失，也给维修工作造成困难和导致被动。但对有些故障停机后再维修而不会给生产造成损失的设备，采用事后维修方式可能更经济。例如对结构简单、利用率低、维修技术不复杂和能及时获得维修用配件，且发生故障后不会影响生产任务的设备，就可以采用事后维修方式。

3.选择设备维修方式

对在用设备的维修，必须贯彻预防为主的方针。根据企业的生产方式、设备特点及其在生产过程中的重要性，选择适宜的维修方式。通过日常和定期检查、状态监测和故障诊断等手段切实掌握设备的技术状态。根据产品质量、产量的要求和针对设备技术状态劣化状况，分析确定维修类别，编制设备预防性维修计划。维修前应充分做好技术和生产准备工作，尽可能地利用生产间隙时间，适时地进行维修。维修中积极采用新技术、新材料、新工艺和现代管理方法，以保证维修质量，缩短停歇时间和降低维修费用。

提倡结合设备维修，对频发故障部位或先天性缺陷进行局部结构或零部件的改进设计，结合设备维修进行改装，以达到提高设备的可靠性和维修性的目的。

三、编制设备维修计划

设备维修计划是企业实行设备预防维修，保持设备状态经常完好的具体实施计划，其目的是保证企业生产计划的顺利完成。

一般由企业设备管理部门负责编制企业年度、季度及月份设备维修计划，经生产、财务管理部门及使用单位会审，主管领导批准后由企业下发有关部门执行，并与生产计划同时考核。

（一）编制年度维修计划

年度维修计划编制依据如表8-1所示。

表8-1　年度维修计划编制依据

序号	编制依据	具体内容
1	设备的技术状况	（1）设备技术状况信息的主要来源是：日常点检、定期检查、状态监测诊断记录等所积累的设备技术状况信息；不实行状态点检制的设备每年三季度末前进行设备状况普查所做的记录 （2）设备技术状况普查的内容，以设备完好标准为基础，视设备的结构、性能特点而定 （3）设备使用单位机械动力师根据掌握的设备技术状况信息，按规定的期限，向设备管理部门上报设备技术状况表，在表中必须提出下年度计划维修类别、主要维修内容、期望维修日期和承修单位。对下年度无须维修的设备也应在表中说明
2	产品工艺对设备的要求	（1）向质量管理部门了解近期产品质量的信息是否满足生产要求。例如金属切割机床的工序能力指数下降，不合格品率增大，须对照设备的实测几何精度加以分析，如确因设备某几项几何精度超过允差，应安排计划维修 （2）向产品工艺部门了解下年度新产品对设备的技术要求，如按工艺安排，承担新产品加工的设备精度不能充分满足要求，也应安排计划维修
3	安全与环境保护的要求	设备的安全防护要求，排放的气体、液体、粉尘等都必须包含在计划之内
4	设备的维修周期结构和维修间隔期	对实行定期维修的设备，如流程生产设备、自动化生产线设备和连续运转的动能发生设备等，其维修期也是编织的依据

（二）编制季度维修计划

季度维修计划是年度计划的实施计划，必须在落实停修日期、修前准备工作和劳动力的基础上进行编制。一般在每季第三个月初编制下季度维修计划，编制程序如下。

1.编制计划草案

① 具体调查了解以下情况。

a.本季计划维修项目的实际进度，并与维修单位预测到本季末可能完成的程度。

b.年度计划中安排在下季度的大修、项修准备工作完成情况，如尚有少数问题，与有关部门协商采取措施，保证满足施工需要。如确难以满足要求，从年度计划中提出可替代项目。

c.计划在下季度维修的重点设备生产任务的负荷率，能否按计划规定月份交付维修或何时可交付维修。

② 按年计划所列小修项目和使用单位近期提出的小修项目，与使用单位协商确定下季度的小修项目。

③ 通过调查，综合分析平衡后，编制出下季度设备维修草案。

2.讨论审定

季度维修计划草案编制完毕后，送生产管理部门、使用单位、维修单位以及负责维修准备工作的人员征求意见，然后召集上述各单位人员讨论审定。在审定时应注意以下内容。

① 除近期接收了一批紧急任务且数量较多，必须在计划大（项）修设备上生产外，其余列入大修、项修计划项目不得削减，另外应考虑因生产任务被削减大修、项修项目的替代项目。

② 使用单位对小修项目的施工进度可适当调整，但必须在维修计划规定的月份内完成。

③ 力求缩短停歇天数。

对季度计划草案应逐项讨论审定。如有问题，应协商分析提出补救措施加以解决，必要时对计划草案做局部修改（如大修、项修开工日期适当提前或延期，大修设备的个别附件维修允许提前或延期完成等）。经讨论审定，对季度维修计划全面落实项目、修前准备工作、维修起止日期、企业内设备协作及劳动力平衡，然后正式制订出季度设备维修计划，并附讨论审定记录，按规定程序报送总机械师、动力师审定和主管厂长批准。

3.下达执行

一般应在季度末月份15日前由企业下发下季度设备维修计划，并与车间生产经营计划一并考核。

（三）月份维修计划的编制

月份维修计划主要是季度维修计划的分解，此外还包括使用单位临时申请的小修计划。一般来说，下月份设备维修计划主要是在每月中旬编制。企业在编制计划时应注意以下内容。

① 对跨月完工的大修、项修项目，根据设备维修作业计划，规定本月份应完成工作量，以便进行分阶段考核。

② 由于生产任务的影响或某项维修进度的拖延，对新项目的开工日期，按季度计划规定可适当调整。但必须在季度内完成的工作量，应采取措施保证维修竣工。

③ 小修计划必须在当月完成。

月份设备维修计划编制完毕后，送生产管理部门、使用单位及维修单位会签同意后，按规定程序报送总机械师审定和主管厂长批准。

四、设备维修的准备工作

（一）调查设备技术状态及产品技术要求

为了全面深入掌握需修设备技术状态具体劣化情况和修后在设备上加工产品的技术要求，以设备管理部门负责设备维修的技术人员为主，会同设备使用单位机械动力师及施工单位维修技术人员共同进行调查和修前预检。

1.调查的内容

对实行状态监测维修方式的设备，主要调查内容如下。

① 向产品工艺部门了解设备修后加工产品的技术要求。

② 查阅设备档案，着重查历次计划维修竣工报告、故障维修记录及近期定期检查记录，从中了解易磨损零件、频发故障的部位和原因以及近期查明的设备缺损情况。

③ 向设备操作人员了解加工产品的质量情况，设备性能、压力是否下降，液压、气动、润滑系统工作是否正常和有无泄漏，附件是否齐全和有无损坏，安全防护装置是否灵敏可靠等。向设备维修人员了解设备存在的主要缺损情况和频发故障部位及其原因。

④ 对规定检验精度的设备，按出厂精度标准，检验主要精度项目，记录实测值。对操作员反映的性能下降项目，逐项实际试验，做好记录。

⑤ 对安全防护装置，逐项具体检查，必要时进行试验，做好记录。

⑥ 除按常规检查电气系统外，由于电气元件产品更新速度较快，检查时应考虑用新产品代替需更换的原有电气元件的可能性。

⑦ 实测导轨的磨损部位和磨损量以及外露主要零件（如丝杠、齿条、皮带轮等）的磨损量。

⑧ 检查外部管路有无泄漏以及箱体盖、轴承端盖有无渗漏。对严重漏油的设备应查明原因。

⑨ 检查重要固定结合面的接触情况，记录塞尺插入部位、插入深度及可移动长度。

⑩ 对经过定期检查或精密监测诊断已确定应修换的箱体内零件，为了观察其磨

损情况的发展程度，必要时可部分解体复查和核对测绘图纸。

2.调查的结果要求

经过调查和检查后，应达到：

① 全面准确地掌握设备磨损情况；

② 明确设备修后生产产品的精度及其他质量要求；

③ 确定更换件和修复件；

④ 确定直接用于设备维修的材料品种、规格和数量；

⑤ 明确频发故障的部位有无改装的可能性。

（二）编制维修技术文件

针对设备修前技术状况存在的缺损，按照产品工艺对设备的技术要求，为恢复（包括局部提高）设备的性能和精度，编制以下维修技术文件。

① 维修技术任务书，包括主要维修内容、修换件明细表、材料明细表、维修质量标准。

② 维修工艺规程，包括专用工检具明细表及图纸。

其中维修技术任务书，由企业设备管理部门主修技术人员负责编制。维修工艺规程则由机电维修车间负责维修施工的技术人员编制，并由设备管理部门主修技术人员审阅后会签。

企业在编制维修技术文件时，应尽可能地及早发出修换件明细表、材料明细表及专用工检具图，按规定工作流程传递，以利于及早进行订货。

（三）修换件、材料、量检具准备

1.准备的内容

（1）修换件　备件管理人员接到修换件明细表后，对需更换的零件核定库存量，确定需订货的备件品种、数量，列出备件订货明细表，并及时办理订货。

（2）材料　材料管理人员接到材料明细表后，经核对库存，明确需订货的材料品种和数量，办理订货或与其他企业调剂。如需采取材料代用，应征得主修技术人员签字同意。

（3）专用工检具　工具管理人员接到专用工检具图后，首先送机械加工工艺员制定加工工艺，然后由计划管理人员安排生产计划。

2.准备的时间要求

订货的备件、材料和专用工检具，应在设备维修开工前15天左右带合格证办理入库。

（四）编制维修作业计划及维修施工工作定额

维修作业计划是组织和考核逐项作业按计划完成的依据，以保证按期或提前完成设备修理任务。通过编制维修作业计划，可以测算出每一作业所需人员数，作业时间和消耗的备件、材料及能源等。因此，也就可以测算出设备维修所需各工种工时数、停歇天数及费用数（一般统称为维修工作定额）。与用分类设备每一维修复杂系数维修工作定额计算的单台设备维修工作定额相比，用这种方法（习惯称为“技术测算法”）测算的维修工作定额较为切合实际。

（五）维修前准备程序

维修前准备程序如图8-2所示。

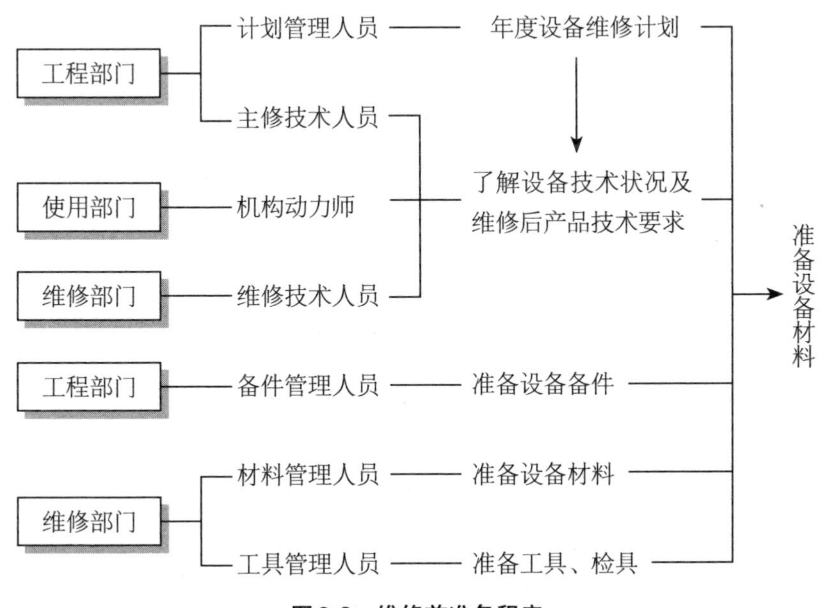

图8-2　维修前准备程序

五、维修实施阶段管理

设备的维修必须依照各类维修计划进行，企业应做好维修前的准备、实施维修和验收检查三个阶段的管理工作。

1. 维修前的准备

（1）划出维修区域

维修之前，企业应划出专门的维修区域供维修工作使用。

（2）粘贴维修标志

维修人员应当在需维修的设备上贴上“修理中”“禁止运行”等标志，以示区分。

（3）调查设备技术状态和产品技术要求

为了全面、深入地掌握需要维修设备的具体劣化情况和维修后设备加工产品的技术要求，设备管理部门负责设备维修的技术人员应会同设备使用单位的机械动力师和施工单位维修技术人员共同进行维修前的预检。

2. 实施维修

在确定的时间内，维修人员依据维修技术任务书、维修工艺规程进行设备维修。维修过程中，维修设备如需与外界隔离，可以用带老虎线的栏杆隔开。

3. 验收检查

设备维修完毕，经空运转试验和几何精度检验自检合格后，维修单位应通知企业设备管理部门操作人员、机械动力师和质量检查人员共同参加设备维修后的整体质量验收工作。设备大修、项修竣工验收应依相应程序进行，具体如表8–2所示。

表8-2　设备大修、项修竣工验收程序

检验内容	检验依据	检验人员	记录
空运转试车检验	空运转试车标准	修理单位相关人员	空运转试车记录
		质量检查人员、主修技术人员	
		设备操作人员	
		设备管理部门相关人员	
负荷试车检验	负荷试车标准	修理单位相关人员	负荷试车记录
		质量检查人员、主修技术人员	
		设备操作人员	
		设备管理部门相关人员	
精度检验	几何工作精度标准	修理单位相关人员	精度检验记录
		质量检查人员、主修技术人员	
		设备操作人员	
		设备管理部门相关人员	
竣工验收	修理任务书及检验记录	修理单位相关人员	修理竣工报告单
		质量检查人员、主修技术人员	
		车间机械员、设备操作人员	
		设备管理部门相关人员	

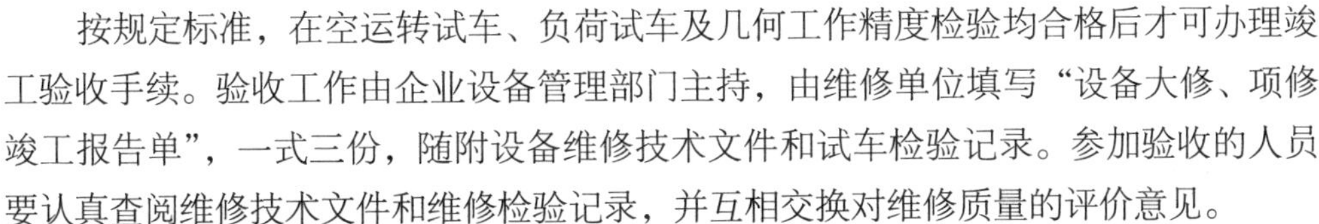

按规定标准，在空运转试车、负荷试车及几何工作精度检验均合格后才可办理竣工验收手续。验收工作由企业设备管理部门主持，由维修单位填写“设备大修、项修竣工报告单”，一式三份，随附设备维修技术文件和试车检验记录。参加验收的人员要认真查阅维修技术文件和维修检验记录，并互相交换对维修质量的评价意见。

在设备管理部门、使用部门和质量检验部门的代表一致确认已完成维修技术任务书规定的维修内容，并达到规定的质量标准和技术条件之后，各方人员在“设备大修、项修竣工报告单”上签字验收，并在评价栏内填写验收单位的综合评价意见。

验收时，如有个别遗留问题，在不影响设备正常使用的情况下，各方人员须在“设备大修、项修竣工报告单”上写明经各方商定的处理办法，由维修单位限期解决。

4. 做好维修记录

设备维修时，维修人员应做好相应的维修记录，具体如表8-3所示。

表8-3　设备维修记录

使用单位：　　　　　　　　　　维修日期：　　　　　　　　　　检验日期：

设备名称：		设备编号：		型号规格：
序号	维修内容	维修结果	维修人员	检验人员

维修人员在设备的大修、项修完成后，要填写“设备大修、项修完成情况明细”（表8-4）和“设备大修、项修竣工报告单”（表8-5）。

表8-4　设备大修、项修完成情况明细

序号	工作令号	资产编号	设备名称	规格型号	制造厂	出厂日期	使用部门	复杂系数		修理性		计划进度（季）				计划修理费用/元		实际修理费用/元		实际开工时间月、日	实际完成时间
								机	电	大修	项修	一	二	三	四	机	电	机	电		

表8-5　设备大修、项修竣工报告单

维修日期　　　　　　　　　　　　　　验收日期：
填报人：　　　　　　　　　　　　　　填报日期：

设备编号		设备名称		设备型号：
序号	维修项目	维修记录	试运行状况	维修人员
验收单位意见	设备使用部门			
	设备管理部门			
	质量检验部门			
工程评价栏				

六、设备维修量检具管理

（一）设备维修量检具选择原则

① 根据本企业主要生产设备的类型、规格和数量，选择并配备常用的通用量检具，其规格及精度等级应能满足大部分设备检修的需要，作为设备修理专用。对本企业很少需用和价格昂贵的量检具可不配备，但应与本地区有此种量检具的企业签订协议，当实际需用时，委托该企业代为检测或向该企业租用量检具。

② 由本企业负责大修的设备专用检具，根据维修计划，按维修工艺准备，无须过早储备。

③ 应按设备检验项目规定的公差，选择通用量检具的精度等级，以保证测量误差在允许的范围内。

（二）设备维修量检具管理要点

一般情况下，企业设备维修用量检具由机修车间工具室负责管理。存放精密量检具的库房，应能适当控制温度和湿度。存放大型平板、平尺的地方，应有起重搬运的条件。具体管理要点如下。

① 严格执行入库手续，凡新购置或制造的量检具入库时，必须随带合格证和必要的检定记录。入库后应规定存放点和方式，并涂防锈剂。

② 建立借用和租用办法。对企业内部单位实行低价（折旧费+维修费）租用，

对企业外部单位实行正常价（折旧费+维修费+利税）租用。对机修车间内部实行借用，必须办理借用和租用书面手续，写明损坏后应赔偿。

③ 高精度量检具应由经过培训的人员负责使用。

④ 对借出和租出的量检具，归还时必须仔细检查有无失灵或损坏。如发现问题，应送专门检定部门维修，检定合格后，方可正式入库。

⑤ 按有关技术规定，定期将量检具送计量检定部门检定，不合格者经维修，检定合格后方可继续借用或租用。对磨损严重且无修复价值者，经有关技术人员鉴定，主管领导批准后报废，并及时更新。

⑥ 建立维护保养制，经常保持量检具清洁、防锈和合理放置，以防锈蚀和变形。工具室负责人应定期（至少每周一次）检查维护保养状况，奖优罚劣。

⑦ 建立量检具账、卡，定期（至少每半年一次）清点，做到账、卡、物一致。如发现有的量检具租、借出后长期未归还，应及时催促归还。如发现有的量检具丢失，应报告主管人员处理。

第九章
设备自主保全

导 读

自主保全是利用生产一线操作者对于设备每天使用的情况非常了解的基础上，做好设备的日常保养、清洁、清理、润滑等表面工作，以降低设备故障率的一种方法。提高自主保全的效果主要依靠长期认真的点检、依靠实现快速修复的高分子复合材料等新技术措施，为保证设备安全连续性运行和提高综合效益提供保障。

学习目标

1.了解自主保全活动的含义、范围、三个阶段，对自主保全活动有基本的认识。

2.了解自主保全的实施步骤——设备初期清扫、发生源寻找与解决、制定设备保全基准、总点检、目视管理、自主检查、标准化，掌握各个步骤的操作要求、方法、技巧及注意事项。

学习指引

序号	学习内容	时间安排	期望目标	未达目标的改善
1	什么是自主保全活动			
2	自主保全的范围			
3	自主保全的阶段			
4	自主保全之设备初期清扫			

续表

序号	学习内容	时间安排	期望目标	未达目标的改善
5	自主保全之发生源寻找与解决			
6	自主保全之制定设备保全基准			
7	自主保全之总点检			
8	自主保全之目视管理			
9	自主保全之自主检查			
10	自主保全之标准化			

一、什么是自主保全活动

自主保全活动是以制造部门为中心的生产线员工的重要活动，是指生产一线员工以主人的身份，对“我的设备、区域”进行保护、维持和管理，实现生产理想状态的活动。具体来说，自主保全活动包括对设备的基本条件（清扫、注油、紧固）的整备和维持，对使用条件的遵守，零部件的更换、劣化的复原与改善的活动进行。

设备部门相当于婴儿的医生，目的就是预防疾病发生和迅速处理问题。作业者则相当于婴儿的母亲，及时地处理婴儿身上的一些小问题，就可以预防婴儿生病（图9-1）。

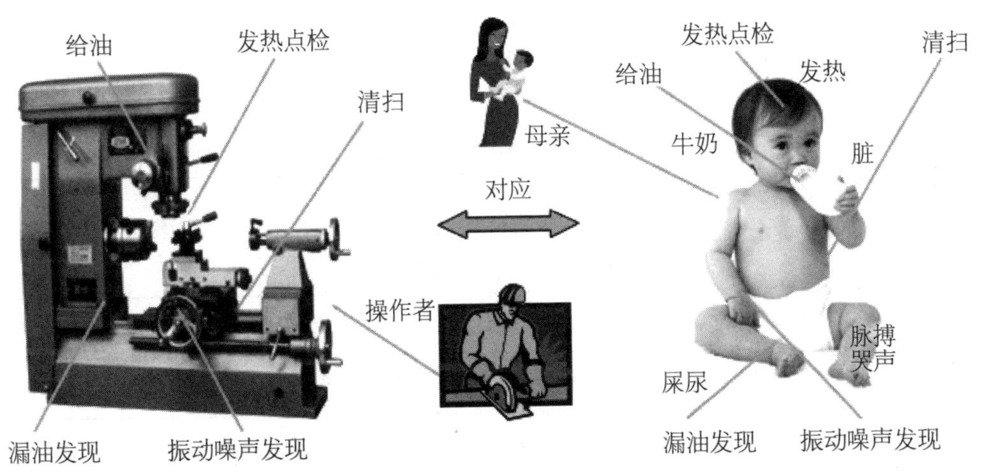

图9-1 操作者就如母亲一样

自主保全以培养熟悉设备并能够驾驭设备的操作专家为目标，按照教育、训练、实践的反复PDCA循环，分7个步骤循序渐进地展开，作业者按照自己设定的标准进行操作和设备的管理活动就被称作自主保养。

自主保全有两层含义：

① 自己的设备自己管理；

② 成为设备专家级的作业员工（图9–2）。

自己的设备自己管理

自主：和自己有关的业务，要用自己的能力
保全：管理维护，从而完好地管理设备

成为设备专家级员工

· 遵守设备基本条件的活动：清扫，紧固、注油
· 遵守设备使用条件的活动：日常保全

图9-2　成为设备专家级员工

二、自主保全的范围

自主保全主要围绕现场设备进行保养，见表9–1。

表9-1　自主保全的范围

范围	涵义
整理、整顿、清扫	是5S中的3S，延续了5S活动
基本条件的整备	包括机械的清扫、给油、锁紧重点螺栓等基本条件
目视管理	使判断更容易、使远处式的管理近处化
点检	作业前、作业中、作业后点检
小修理	简单零件的换修、小故障修护与排除

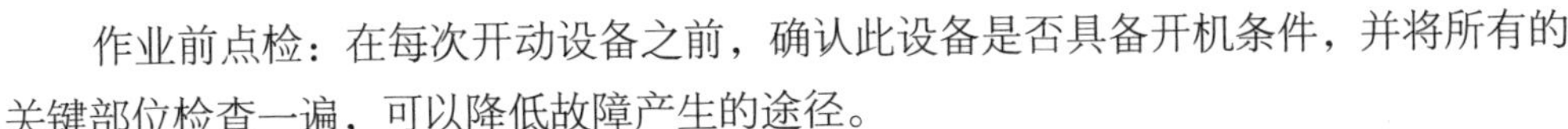

作业前点检：在每次开动设备之前，确认此设备是否具备开机条件，并将所有的关键部位检查一遍，可以降低故障产生的途径。

作业中点检：在机器运行的过程中，确认机器的运行状态、参数是否正常，出现异常应立即排除故障或者停机检修。如果对小问题不重视，往往会变成大问题，进而酿成事故。

作业后点检：在一个生产周期结束后进行停机，然后定期对设备进行检查和维护，为下一次开机做好准备。保养得好的机器，寿命往往可以延长几倍。

三、自主保全的阶段

（一）自主设备管理的三个步骤

自主设备管理的三个步骤是：防止劣化、发现劣化、改善劣化（图9-3）。要在作业中注意预防，一旦有隐患出现，比如螺栓松动、设备运转时间变长的情况，应立即停机并马上检修。

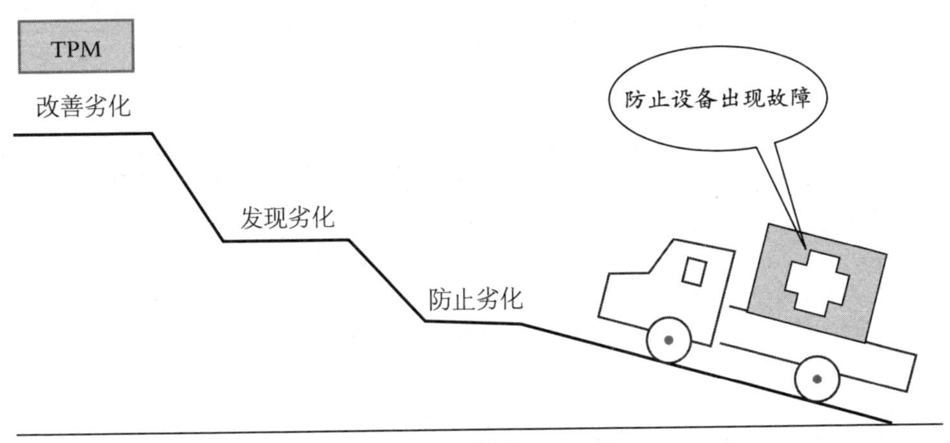

图9-3　自主设备管理的三个步骤

1.防止劣化

防止劣化主要在于对日常设备的检查。

检查项目：

① 设备周边环境的整顿；

② 设备表面的清扫；

③ 给设备上润滑油、能耗油；

④ 螺栓的紧锁；

⑤ 设备声音是否异常。

这些工作必须每天坚持不断地做，并保持记录。

2.发现劣化

发现劣化主要是定期检查，一般的企业都是周检制。

检查项目主要包括设备的精度、设备的性能、设备的温度是否达到要求。这些检查主要通过仪器来检测，如果可以用肉眼看见的，必须随时注意。

3.改善劣化

抢在设备故障出现前，对设备进行小维修，如更换油封、油圈这些措施。如果出现大的问题，员工不要自我处理，应请维修人员处理，员工可以在一旁协助、学习。

（二）自主保全的七大步骤

自主保全活动包含七大步骤，整个TPM活动围绕这七大步骤展开，各个步骤活动内容如表9-2所示。

表9-2 各个步骤活动内容

自主保全七大步骤		活动内容
1	初期清扫5S	（1）清扫设备 （2）清扫设备周围 （3）将设备上的油与产品残留物擦干净
2	发生源寻找与解决	（1）找到发生污染的地方，如漏油的地方 （2）制定防治方案
3	制定设备自主保全的标准	（1）制定设备保养的周期 （2）制定设备保养的责任人 （3）制定设备保养的奖惩办法
4	设备总点检	（1）规定设备保养的项目与保养点 （2）遵照保养制度执行
5	目视管理	（1）将需要保养的地方用颜色表示 （2）将保养的要点写在眼睛看得到的地方
6	调整、整顿	（1）对点检的实施情况进行总结 （2）调整、整顿保养方法
7	建立管理制度	（1）建立自主保养体系制度 （2）建立自主保养的意识

四、自主保全之设备初期清扫

通过清扫这一行动，发现设备的潜在缺陷，并及时加以处理。设备清扫过程有助于操作人员对设备产生爱护之心。

（一）初期清扫的重点部位

清扫，就是要把黏附于设备、模具夹具、材料上的灰尘、垃圾及切屑等清扫干净。而且，还能通过清扫，找出机器的潜在缺陷，并加以处理。

1.如果不清扫掉灰尘、垃圾、异物就会导致设备故障

设备不经过清扫带来的弊端如下。

① 机械的活动部位，液压、气压系统，电气控制系统等部位有异物，导致活动不灵活，磨损、堵塞、漏泄、通电不良。

② 自动机械设备因材料污损或混入异物，供料部污损，导致不能顺利地自动供料，从而形成次品、空转、小停顿等。

③ 许多场合会直接影响到产品质量。

④ 注塑机的模具等零件附有异物，难以进行准备、调整，导致树脂黏结。

⑤ 在安装断电器等电气控制部件的时候，工夹具上的垃圾、灰尘黏附在接点上，导致导通不良等致命缺陷。

⑥ 在电镀时，材料上黏附有污迹或异物，导致电镀不良。

⑦ 精密机加工时，由于工（夹）具及其安装部件黏附有切屑粉末，导致定芯不良。

⑧ 设备如果污损，则难以检查、维修，更难以发现疏松变形、泄漏等细小的缺陷。

⑨ 设备一旦污损，在心理上不会引起去检查的欲望，即使修理也十分费时，当拆开时极易混入异物，又会产生新的故障。

初期清扫的要领见图9-4。

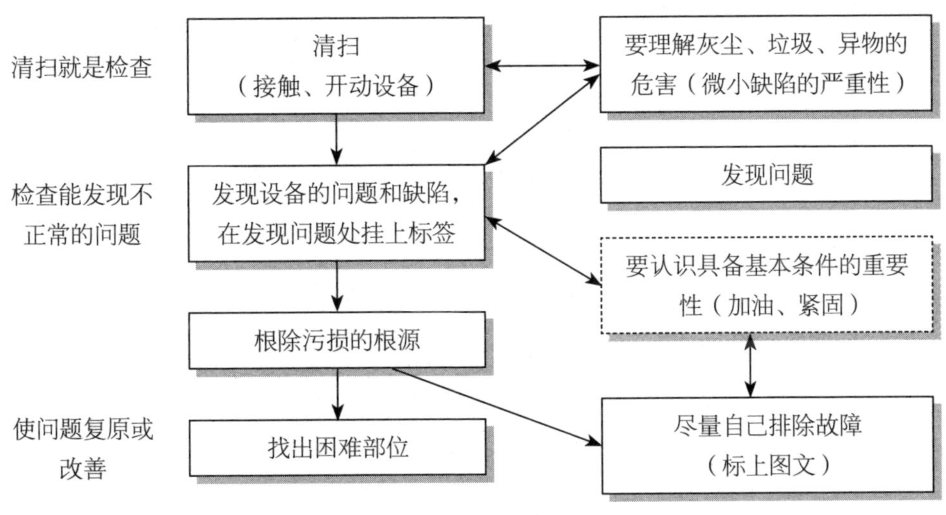

图9-4　初期清扫的要领

2.清扫变为检查

用手摸、用眼看就能容易地发现异常：清扫变为检查（图9–5）。

虽说是“清扫变为检查”，但发现不了设备问题的清扫，是单纯的“扫除”，不能称为清扫。所谓清扫，就不仅仅是使眼睛看上去清洁了，而且还要用手摸，直至设备不存在任何潜在的缺陷、振动、温度、噪声等异常。

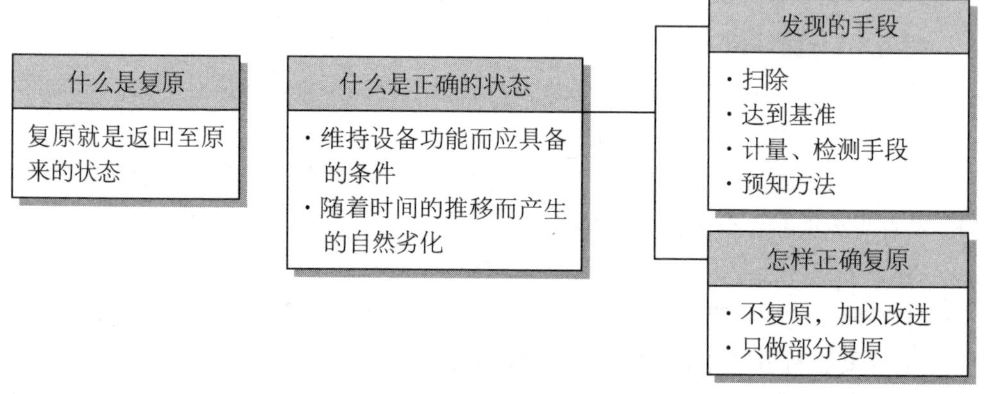

图9-5　清扫变为检查

长期间没有使用，也未加管理的设备，通过彻底的清扫，能发现设备、模（夹）具的松动、磨损、裂纹、变形、泄漏等微小的缺陷。设备的这些缺陷往往会产生负面作用，从而产生劣化、故障等，通过清扫，就能恢复正常状态，防止故障的产生。这是防止故障、提高设备效率的最有效的手段，清扫时的检查项目及内容见表9–3。

表9-3　清扫时的检查项目及内容

序号	检查项目	诊断要领
1	机械主体的清扫	（1）是否黏附有灰尘、垃圾、油污、切屑、异物等 ·滑动部位、产品接触部位、定位部位等 ·构架、冲头、输送机、搬送部、滑槽等 ·尺、夹具、模具等安装设备上的构件 （2）螺栓、螺母是否松动、脱落 （3）滑移部位、模具安装部位是否有松动
2	附属设备的清扫	（1）是否黏附灰尘、垃圾、油污、切屑、异物等 ·气缸、螺线管 ·微动开关、限位开关、无触点开关、光电管 ·电动机、皮带、罩盖外壳等 ·计量仪器、开关、控制箱外壳等 （2）螺栓、螺母等是否松动、脱落 （3）螺线管、电动机是否有呜呜声

续表

序号	检查项目	诊断要领
3	润滑状况	（1）润滑器、注油杯、给油设备等处是否黏附灰尘、垃圾、油污等 （2）油量合适否？滴油量适当否 （3）给油口是否必须加盖 （4）将给油配管擦干净，看是否漏油
4	机器外围的清扫状况	（1）工具等是否放在规定部位，是否缺少、损坏 （2）机器主机上是否放置螺栓、螺母 （3）各铭牌、标牌是否清洁，易于观看 （4）透明的盖子上是否有灰尘、垃圾等物 （5）把各配管擦净，看是否漏油 （6）机器四周是否有灰尘、垃圾？机器上部是否有灰尘落下 （7）产品、零件是否落下 （8）是否放置了不需要的对象 （9）正品、次品、废品是否分开放置，一目了然

3.清扫中要检查加油是否充足

给油是防止设备老化、保持其可靠性的基本条件，这是不言而喻的。但是，与马马虎虎地进行清扫或微小缺陷处理工作一样，要是给油不充分，就会导致故障，产生次品。

由于给油不充分而引发的故障，首先是黏附，还会降低滑移部位及空压系统的动作进精度，加剧损耗，加速老化，产生种种不良，因此，准备、调整阶段的作业对产品会带来很大影响。

4.清扫中要检查螺栓是否松动

螺栓、螺母等紧固部件一旦松动、折损、脱落，会直接、间接地引起故障。比如：

① 模（夹）具的安装螺栓松动而导致破损或不良；

② 限位开关、止动挡块的安装螺栓松动，以及配电盘、控制盘、操作盘内的终端松动导致动作错误或破损；

③ 配管接头的凸缘螺栓松动而产生漏油等。

一个螺栓的松动直接会引发不良或故障的事例不胜枚举。而且在大多数情况下，一个螺栓的松动加剧振动，诱发螺栓更大的松动。这样的恶性循环，势必降低精度，最终导致不良或零件破损。

某一公司分析了故障原因，发现有60%是由于螺栓、螺母松动引起的。而且大多是由于在准备阶段没有注意模具、夹具的紧固。忽视了螺栓的适当的紧固扭矩，或不具备这一技能，结果是要么紧固过分，要么频繁地单侧紧固，都会导致故障。

要去除松动，应注重防振、防松措施，对主要的螺栓应加以标记，清扫时留意看标记是否对准，也可定期用小锤敲击检查，这些极细小的工作都是必不可少的。

（二）初期清扫和小组活动的要点

开展自我保全的全过程，从人的角度来看，以设备为题材，培养出一批真正具有自我管理活动意识和能力的人才而开展教育训练。

1.领导应提高小集团活动的生气

要形成由全体人员参加的体制，第一步就是要制定一个由全体人员参加，朝着一个目标前进的课题，并开始行动。

在初期清扫活动中，如果不注意到时间和干劲问题，不调动员工的积极性，而只是领导自己拼命地干，那肯定是不会产生多大效果的。这项工作，需要充分发挥一个领导的作用，形成小组的工作，其效果就会很理想。

但是，清扫设备这项工作并不是每个人都喜爱，这就需要领导花大力气去动员，指导小组人员积极地投入。

领导首先应表示厌恶这种不清洁的环境。领导的这种厌恶感，在与员工一起解决问题的同时，才能逐步提高小组成员的工作热情。

2.提高操作人员对设备的关心程度

通过清扫，操作人员对设备产生疑问点，对设备特点有了更深的了解，而且还会很自然地产生不要让自己辛辛苦苦弄干净的设备被弄脏的想法。

① 这如果积有灰尘、垃圾，将会产生哪些不良后果？

② 这些污染的根源在何处？怎样解决？

③ 是否有更方便的清扫方法？

④ 是否有螺栓松动、零件磨损等情况？

⑤ 这个零件怎么会动？

⑥ 这如果发生故障该如何修理？

对于上述的疑问和发现，应在小组会议中加以讨论，制订一个解决问题的共同计划，引发自主管理的自觉性。

3.以回答问题的形式发挥活动效果

以回答清扫活动中所产生的问题的形式来推动活动，并把其结果结合到下一步的工作之中，这是第一步。

① 完善基本条件的重要性及其方法，以及清扫的重点部位。

② 要形成清扫就是检查的观念。

通过以上学习，就能提高能力，进一步发挥活动效果。

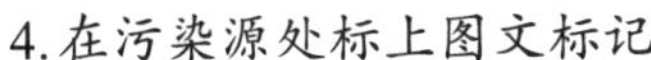

4.在污染源处标上图文标记

初期清扫的目的在于让操作者发现设备的异常点，而并非单纯为了清洁。将异常点修整后，并采取防止飞散的措施，才称得上将设备清扫干净。

对于所发现的异常点，可分为操作者自己动手修复及委托维修部门修理两类。自己动手修理，更能提高操作者对设备的关心度和爱心。

图文标记的粘贴和撕去示例如表9-4所示。

表9-4　图文标记的粘贴和撕去示例

序号	检查项目	贴标记	撕标记
1	液压的压力	压力过高	恢复至正常压力
2	气缸的工作状况	过慢、不动	恢复正常
3	动作不理想	过滤网堵塞	清扫过滤器
4	孔眼是否堵塞	油已污染	更换清洁油
5	油是否污损	灰尘进入油箱	防止切削粉、切削油飞扬
6	是否有灰尘侵入	油箱上板有孔或缝隙、不松动但漏油	拆开漏油部位
7	是否松动	O形环破损	调换O形环
8	漏油的部件	杆有裂纹，切削粉末分散、附在杆上。	设法防止切削粉末
9	破损的部件	无松动、不漏油、油温适中	编写单一要领教材
10	有裂纹	—	—

五、自主保全之发生源寻找与解决

企业应积极开展寻找灰尘、污染的根源，加强对飞散物的防止，改善难以清扫、加油的部位，缩短加油时间、提高设备的可维修性。这一活动如能切实地实施，还能有利于今后TPM活动的顺利开展。

（一）活动的目标

加强操作员改善设备的能力，目标是使其深具自信心，投入更高水平的改善工作中。

1.断绝发生源

所谓的发生源对策，是指掌握污垢、泄漏（油、空气、原料）的发生源，并加以改善。

在第一步骤阶段，要掌握所有发生源，例如从油压配管接缝部的泄漏，或加入过多润滑油所引的油垢，利用调整油量来防止油垢或断绝泄漏等的污垢的发生源产生。

如果无法断绝其发生源，例如，无法断绝切屑粉、切削油、水垢等的产生，则要想办法将切屑粉、切削油、水垢等限制在最小限度内，其做法是要在尽量靠近切屑粉、切削油、水垢发生源的位置，设置局部性的覆盖装置。

2.清扫困难部位的改善

所谓清扫困难部位的对策，是指对于不易进行清扫、不易实施点检、点检费时等部位，将其改善至容易进行而言。

例如某个部位太靠近地面，致使排水及加油器的点检困难，所以将其改善至容易点检的位置。另外像三角皮带的点检，将其改善为设置透明窗口，如此每次都不需要卸下覆盖，就能从外边予以检查。其他如将杂乱的配线进行整理，废除在地上直接配线等，都有助于容易进行清扫。

（二）“发生源、困难部位的对策”的要点

发生源对策有杜绝发生源，防止飞散，加盖、密封以防侵入等。比如，液压配管的接头处漏油，如果泄漏，则应修理。再如润滑油过量而导致油污，则应调整油量。

“发生源、困难部位的对策”的要点如图9-6所示。

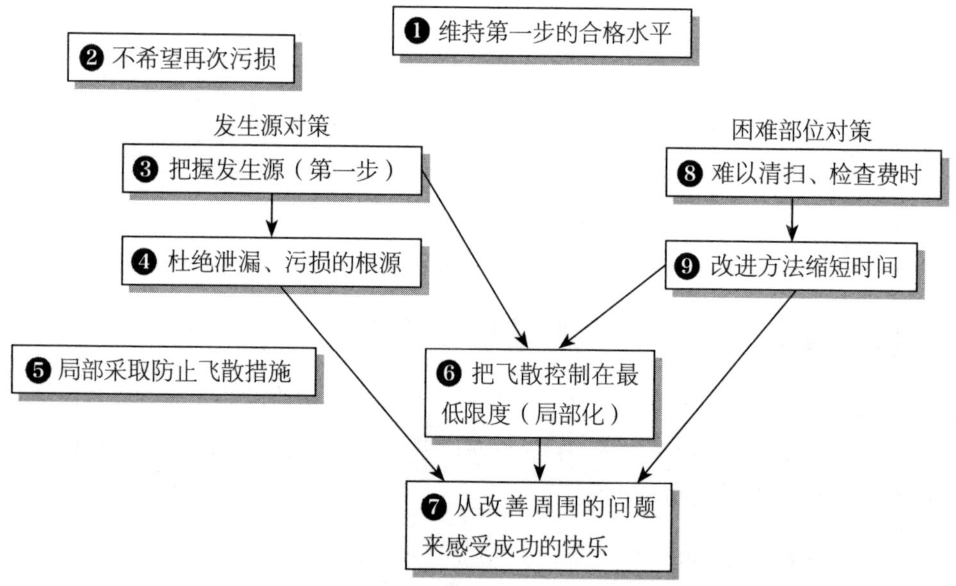

图9-6 “发生源、困难部位的对策”的要点

改善，需要一种执着的精神，要有不达目的不罢休的态度。通过自己辛勤的劳动而获得可靠的改善效果，定能产生成功的喜悦。因此，自己动手的意义十分重要。比如，为防止切屑飞散，可用瓦楞板遮盖，根据切屑飞散的情况，改变瓦楞板的形状。

（三）自己动手改善困难部位——清扫、加油的部位

困难部位主要是指难以清扫、加油的部位。要是无法安全杜绝发生源，就必须考虑怎样改善作业方法，以缩短清扫时间。至于加油，如能改善必要部位，适时给油，

也能节省时间。

比如，早晨的作业准备时只允许10分钟的给油时间，但工作人员制定的给油基准是30分钟。至于检查，大家都认为制度规定的检查基准不考虑现场的实际情况。

对于这类问题，由操作人员自己处理就显得十分重要。

还应考虑为什么困难部位的对策是必要的。简言之，就是“为了便于维持”。要长期保持设备的良好状态，人人都得加强检查，并应按时进行，这是维持设备良好状态的第一步。

1.改善的要点

第一步的发生源、困难部位对策的改善要点汇总如下。

① 便于清扫。

② 把污损范围控制在最低限度。

③ 杜绝污染源。

④ 尽量防止切削油、切屑飞散。

⑤ 缩小切削油的流淌范围。

2.如何快速给设备加油

以下方法可以帮助快速给设备加油。

① 开设检查窗。

② 防止松动。

③ 不要油盘。

④ 设置油量表。

⑤ 改变给油方式，给油口改善。

⑥ 整理配线。

⑦ 改变配管的布局。

⑧ 设法便于调换零部件。

3.整理改善内容并确认效果

改善并不单纯是做，还须整理问题点、改善部位、改善目的、改善内容、成本和效果，并在实施过程中仔细琢磨、分析。

第二步的改善，虽说是为了缩短清扫时间，但应考虑质量、故障、准备、保全性等各个方面。因此，若是能综合考虑分析小组提出的建议和对策，常能获得意想不到的效果。

六、自主保全之制定设备保全基准

接下来要根据第一、第二步活动所取得的体会，编写一个临时基准，以保养自己分管的设备，如清扫、加油、紧固等基本条件。

编写基准的前提是确定清扫、加油的允许时间。从技术角度而言，就是能得到管理人员和工作人员的彻底支持及说明，以便于使用。

此处以加油、紧固为例，介绍自我保全的正确方法。

（一）自己决定应遵守的项目

自我保全最重要的作用就在于分别维持清扫、加油，因此第三步“编写清扫，加油基准”，就应基于第一、第二步活动所取得的经验，明确自己分管设备的“应有状态”，决定维持的行动基准。

1.应遵守的方法

要在现场彻底做到清扫、加油、整理和整顿，常常听到有人说：“迄今已做了多次努力，但就是执行不了。请教有何实施的好方法？”

这主要是因为管理人员不大去考虑不实施的理由，而只是一味要求必须做到。如果管理人员认为这是必要的话，那么管理人员本人就会首先考虑怎样对具体操作人员说明努力完善以下条件。

① 明确该遵守的事项和方法。

② 充分理解必须遵守的理由（为什么要遵守，不遵守将会怎样）。

③ 具备遵守的能力。

④ 具备遵守的环境（比如时间）。

若不具备“干劲、方法、场地”三要素，即使有再好的想法也无济于事。关于自主保全的一切活动，大部分依靠本人的能力和士气。明白了为什么必须这样做，还应该彻底地做到，这是大多数管理者的经验。

做得不彻底的最大原因，就是决定制度的人并非是具体去执行的人。即“我是要别人遵守的人（管理人员），你是执行者（操作人员）”。因此，执行的人并不完全了解工作的必要性，也不会完全恪守实施时间。

2.自己决定该遵守的事项

要使该遵守的事项彻底化，最重要的是应由执行者本人来决定具体事项。只有这样，才是自我管理的第一步。因此，必须做到以下四点。

① 理解应遵守事项的重要性。

② 具备自己应具备的能力。

③ 自己编写基准。

④ 领导审查及确认。

接着应多次召开小组会议，决定基准，这样定出的基准肯定能实施（表9–5）。

表9-5 开展自我保全各步骤中人与设备的相互关系

<table>
<tr><th>劣化</th><th>活动的等级</th><th>自我保全的步骤</th><th>能力培养的目标</th><th></th><th>操作人员的等级</th></tr>
<tr><td>强制性地去除</td><td rowspan="4">·以前自己有何不足之处
·自我保全的渗透及制度化</td><td>1. 初期清扫</td><td rowspan="2">条件设定能力的培养</td><td rowspan="7">处理、复原能力的培养</td><td rowspan="3">·具备改善设备的思考能力和方法能够及时发现不合格现象</td></tr>
<tr><td rowspan="3">提高基本素质，力争达到“应具状态”</td><td>2. 发生源，困难部位的对策</td></tr>
<tr><td>3. 编写清扫、加油的基准</td><td rowspan="2">发现异常能力的培养</td></tr>
<tr><td>4. 总检查</td><td rowspan="2">·了解设备的功能和结构</td></tr>
<tr><td rowspan="2">无次品、无故障的设备</td><td rowspan="3">·今后自己应该做些什么呢
·真正形成由全员参加的自主管理体制</td><td>5. 自我检查</td><td rowspan="3">维持管理能力的培养</td></tr>
<tr><td>6. 整理、整顿</td><td>·明白设备精度与质量的关系</td></tr>
<tr><td>生产效率高的设备</td><td>7. 自主管理的彻底化</td><td>·能修理设备</td></tr>
</table>

（二）跟定清扫、加油的允许时间

1.明确时间目标

清扫（包括紧固、标出微小缺陷）、加油作业当然不允许无限制地花费时间，因此在编写基准时，必须先确定清扫、加油所允许的时间限制。这个时间目标最好由中层管理者（课长等）提出一个较为妥当的范围为好，比如每天临开工前、结束分别为10分钟，周末30分钟，月底1小时。

要是小组最初编写的基准中没包括时间目标，则应补上。这样，就能使清扫、加油、紧固更为方便。比如集中加油方式、加油周期的延长对策、注油器的安装位置，加油标记、油位计的限度显示、螺栓螺母的对准标记、止松对策等，改善及标准化、与实施相关的技术问题，还需要管理人员的协助。另外，在编写基准时，要如“清扫检查临时基准”所示，一目了然。

2.清扫、加油基准的编写

关于加油基准方面要充分考虑以下事项。

① 明确油种，尽量统一，减少油种。

② 标出加油口、加油部位的一览表。

③ 集中加油时，应配置加油系统，编写润滑系统图（泵→配管→分配阀→配管→末端）。

④ 检查分配阀是否堵塞？分配量有否差异？是否能达到终端？

⑤ 单位时间的消耗量为多少？（一天或一周）

⑥ 每次的加油量为多少？

⑦ 加油配管的长度（尤其是润滑脂的配合），配备一套是否足够？是否必须要两套？

⑧ 废油的处理方法？（润滑脂注入后的废油）

⑨ 加油标记的设定，在加油部位贴上标记。

⑩ 设立加油服务点（油的保管、加油器具的保管方法）。

⑪ 加油困难部位一览表及其对策。

⑫ 保全部门应分管加油部位（自我保全的范围又该如何安排）。

【实例】

点检/清扫/加油/紧固基准书

设备名		固定资产编号		制作日		编制		审核		批准	
（设备部件图）								主要部件清单			
								No.	品名	规格	数量
润滑	序号	注油部位	注油基准	油量	油种类	周期	注油方法	注油时间	作用分组		备注
									自主	计划	
点检	序号	点检部位	点检基准	点检方法		周期	处理方法	点检时间	作用分组		备注
									自主	计划	
清扫	序号	清扫部位	清扫基准	使用工具		周期	处理方法	清扫时间	作用分组		备注
									自主	计划	

七、自主保全之总点检

总点检是指生产线员工进一步理解设备的结构、机能、原理，对照设备的理想状态，系统地对设备各部件进行分类精密点检，及早发现潜在问题并复原改善的日常点检活动。

总点检阶段是测定设备劣化的程度，主要是通过对员工开展机械要素、润滑、气压、液压、驱动、电气、安全等科目的基础教育训练，并根据科目类别彻底进行专项点检，以此提高全体员工发现问题点的专业技能的一系列活动。

（一）总点检的开展顺序

总点检应以5个要点为中心来展开，具体顺序如图9-7所示。

图9-7 总点检的开展顺序

1.设定总点检项目

总点检科目一般有机械、润滑、气压、液压、驱动、电气、安全7个项目以上。设定总点检项目的步骤如图9-8所示。

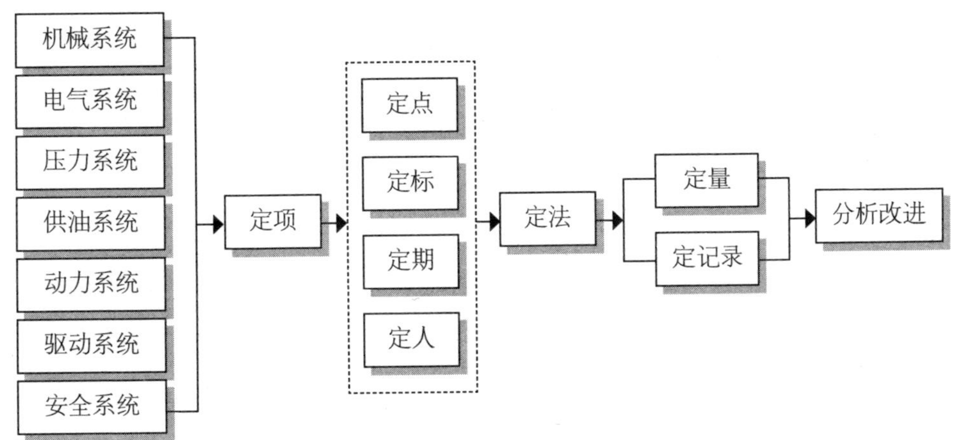

图9-8 设定总点检项目的步骤

2. 开展总点检项目培训

（1）总点检教育培训准备

根据确定的点检科目和项目，做好以下的准备工作：讲师的培养、制作总点检教材、准备器材或样本、树立教育计划等，并选定好教育训练场所和实习场所。

（2）总点检教育的实施

召集班组长开展集中教育。24小时连续生产的企业则安排相同班次的组长进行集中教育，每次培训一般安排一个科目的一两个项目，不要安排太多，不要急于赶进度。总点检教育不能走过场，目的不在于讲师实际教了多少，而在于员工真正掌握了多少。

（3）制订OPL并进行传达教育

由首先接受教育的组长根据所学内容整理成OPL，向本组成员传达教育，教育后要对小组成员进行实习考试，对不合格的人员重新教育，直到通过为止。遵循的原则是言传身教、包教包会。

开展总点检项目培训的内容与要求如图9-9所示。

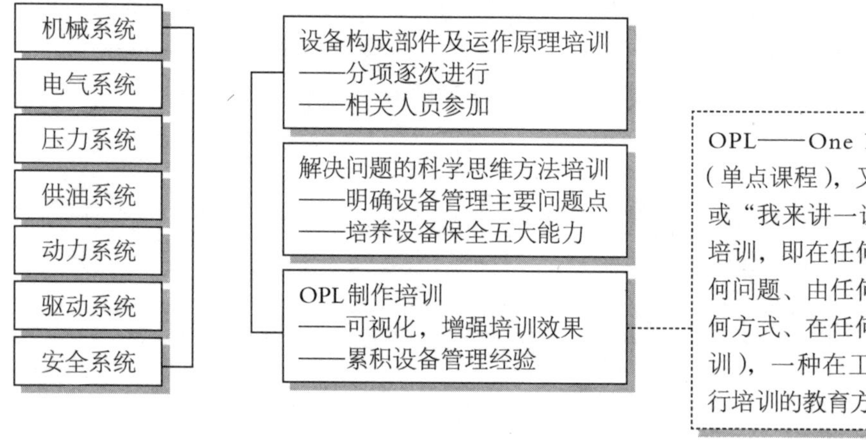

图9-9　开展总点检项目培训的内容与要求

3. 员工技能可视化

可视化，是将需管理的对象用一目了然的方式来体现，便于迅速判断其状态、过程和结果的一种管理方式。员工技能可视化即将员工的技能用一目了然的方式来体现，具体操作如图9-10所示。

4. 总点检项目可视化

总点检项目可视化即是将点检项目用一目了然的方式来展示，使点检人员一看便知设备的状况，具体操作如图9-11所示。

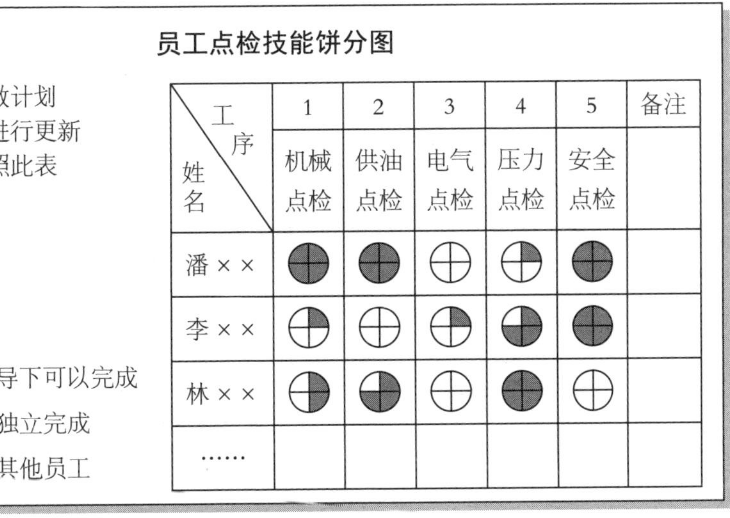

图9-10　员工技能可视化

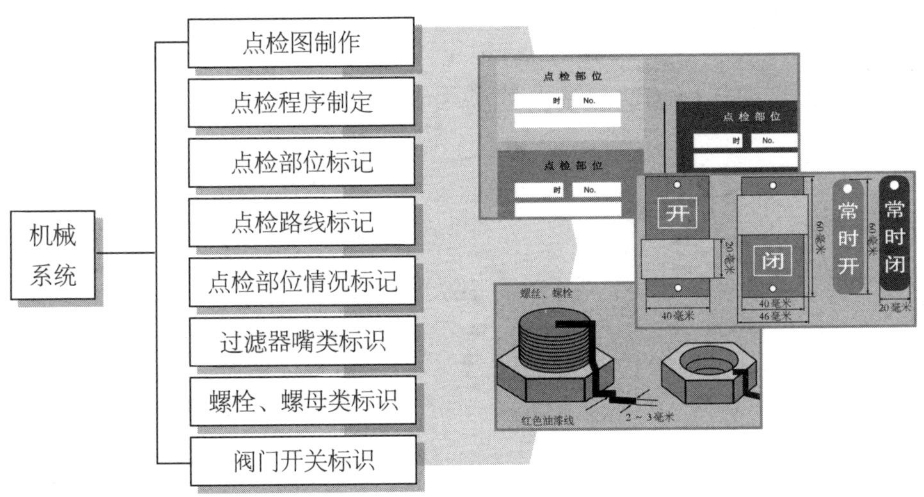

图9-11　总点检项目可视化

5. 制作总点检标准作业说明书

标准化作业是现代化基层管理模式中的重要内容之一，是企业基层管理的准绳。点检标准化作业标准的制定，使点检员能够依据标准化、规范化的点检工作程序，认真开展并实施点检作业与管理，以切实把握设备的运行状态，制订切实可行的维修计划，防止设备的欠维修或过维修，降低维修成本，提高检修效率与经济效益。点检标准作业说明书的内容包括：点检部位、点检系统分类、点检项目、点检内容、点检方法、判断基准等，如表9-6所示。

表9-6　点检标准作业说明书

日期	班长	组长	点检员

机台：BHS

顺序号	部位	分类	点检项目	点检内容	点检方法	判断基准
1	机头	液压系统	液压泵	运转	耳听	无异响
2			液压油	油位	测油标尺	位于控制上限及下限之间
3			控制阀	无漏油	目视	无油品渗出
4			管路	无漏油	擦拭	无油品渗出
5		制动系统	刹车油	油位	目视	位于控制上限及下限之间
6			液压缸	销栓紧固	手动	无松动
7				无漏油	启动	地面无油滴
8				工作正常	启动耳听	无异响
9	……	……	……	……	……	……
…	……	……	……	……	……	……

（二）教育训练以传达教育方式为中心

1.列举综合检查科目

操作人员应研究如何管理好设备，并列举科目，如机械要素、空压、液压、电气等。

2.教材的准备、综合检查教育培训计划的确立

准备综合检查各科目所必需的教材，制订教育培训的日程计划。该教材包括技能教育用的卡片模板、照片、挂图、综合检查手册、检查表，主要用来掌握基础技术。

3.对领导的培训

对领导的培训由管理部门或维修保全部门承担，用课本、卡片模板、实物等开展设备的基础教育。具体内容包括结构、电功能、正确调整法、正确使用法，结构上的应注意点，日常检查要领等。

下面大致说明一下综合检查教育训练的实施，采用传达教育方式。所谓传达教育，首先是领导对组员开始教育活动，领导能实现作为领导地位的效果，组员能得到组员地位的效果。领导承担着传达教育的义务，会产生自觉性。而且，培养部下的责任感，还能促使自己认真地提高学习能力。对于组员而言，亲身感受到领导的立场和工作热情，就会努力向领导学习。这样就能期待小组的活跃气氛。

4.向操作人员的传达教育

领导不是单纯地把学到的知识传达给组员，而是应结合实际生产现场，向组员进

行讲教。学到的知识如不理解，就无法传教，只有自己真正掌握，体会了，才能教育下属。

在传达教育时，要开展测试（确认试验），这样学到的内容不易忘记，能真正理解，发现异常情况。

通过测试，若仍有不明之点，则再进行教育，然后再测试，直到完全弄懂为止，这就是彻底的传达教育。

为什么要通过综合检查来对操作人员进行教育呢？经过第一步至第三步的学习，操作人员对设备有了了解，也掌握了发现异常的方法。懂得只有通过自己辛勤的劳动，才能改进设备，要是不了解设备，不接触设备，那么再怎样进行教育也无济于事。第一步至第三步主要以五官的感受来发现异常，再经过教育，使操作人员从理论的高度来发现问题，无疑是种好方法。

比如一个螺栓，不能单独地说越紧越好，而应根据它的适当的扭矩旋紧，才能发挥该螺栓的作用。

5.学习后再实践并发现异常点（综合检查的实施）

即使对一个操作者来说，并非只学到了一些知识就算结束了，重要的是去现场实践，能发现异常点。

6.推进目视管理

推行目视管理，使设备容易检查，便于发现异常、但一定要注意以下几点。

① 检查的管理对象是什么？

② 其正确状态——应具备的状态如何？

③ 是否保持着？

④ 这些功能和结构是否明了？

⑤ 检查方法及故障判断是否掌握？

⑥ 处理方法是否明白？

八、自主保全之目视管理

管理与效率是一对“双胞胎”，管理诞生的目的是为了提高效率。通过运用醒目颜色来方便操作，已经在生产现场得到广泛运用。设备管理是现场管理的一分子，因此用颜色来进行目视管理，在设备管理中已倍显重要。

所谓目视管理，是指用直观的方法揭示管理状况和作业方法，让全体员工能够用眼睛看出工作的进展状况是否正常，并迅速地进行判断和做出对策的方法。以下介绍一些目视管理的方法。

（一）设备运行状态标志

1.运转指示灯

设备运行通常用信号灯来表示。因为有时候一位员工需要操作多台设备，为了能使操作者明白设备运转情况，信号灯无疑是非常好的方法。

运转指示灯可以显示设备运转状态，包括机器设备的开动、转换、停止状况，停止时还显示停止原因。

2.设备状态标识卡

每台设备应按规定悬挂状态标识卡。设备状态标识卡由两部分组成：一部分是该设备的相关信息；另一部分是该设备的运行状态。两部分内容做成卡片用塑料卡套悬挂在设备上。当设备运行状态发生改变时应按实际状态更换相应的运行状态卡片。

设备状态标识卡第一部分，如图9-12所示。

设备状态标志卡

部门：

设备名称		出厂编号	
规格型号		启用日期	
生产厂家			
编号			
责任人			

图9-12　设备状态标志卡第一部分

设备状态标识卡中的第二部分就是运行状态卡（图9-13），运行状态卡片共有如下的几种。

① 正常运行：绿底黑字。表示设备处于完好状态，正在操作或运转中；正常运行。

② 闲置设备：绿底黑字。表示设备处于完好状态，长时间停机待用。

③ 待用：绿底黑字。表示设备正常，等待下次使用。

④ 停用：红底黑字。表示设备不正常，难于维修，即将报废。

⑤ 待维修：红底黑字。表示设备出现故障后停用，尚未进行维修的状态。

⑥ 维修中：黄底黑字。表示设备出现故障正在进行维修的状态。

图9-13　设备状态标识卡第二部分

（二）设备闲置看板

设备闲置看板（图9−14）的主要目的是告诉我们设备闲置状态，通常情况下需要将设备名称、设备闲置原因写清楚。

设备闲置看板

设备编号	设备名称	闲置时间	闲置原因	负责人

图9-14　设备闲置看板

（三）设备停机看板

1.停机原因看板

由于机器故障、材料供应不上、换模具、保养等情形，都会造成机器的停顿。在这些停机原因中，有一些是正常停机，有一些则属于管理上的问题。

所以，为了易于了解停机原因，也为了尽快解决问题，应在机器上装置一个“停机原因看板”。只要机器一停转，作业人员就可以在这个看板上看到停机的原因，这样就可以快速寻求对策。

2.停机状况显示看板

不管机器基于什么原因停转，企业总是会因机器的停止运作而减少收入。

而企业在运作中，只要所有的人都多留心一点，是可降低停机的可能的。而增强这方面的注意所需的最简单的办法，就是让员工们知道状况、知道严重性，并让大家自动自发地予以关注。

企业可在工厂显眼的地方，设置一个“停机状况显示看板”，把公司当天的总停机时数显示在这个看板上。当然，如果能同时把停机所造成的损失一并显示出来的话，效果还会更好。

（四）用颜色管理指导加油

一般的机器设备需要靠油品来做润滑、保养等的工作。而且，往往会有好几个部位要加同一种油，而这些加油嘴常分散在一台机器的各处。如果做这项工作时精力不集中，分了心，忘了某个部位该加油，或同一个部位被加了好几次油，都会影响机器设备的正常运作。

这时，利用目视管理可避免这种问题的发生。假设某一设备有4个分散在不同部位的加油嘴，需要定期补充黄油。这时，首先把所有的黄油嘴全漆上黄色（假定以黄色代表黄油）；然后，在每一个加油嘴旁画上一个小方块，这个方块又分成三格，第一格写上1/4，表示这台机器总共有4个黄油嘴要加油，而目前所看到的是第一个；第二格写上黄油，用文字来帮助操作人员了解颜色所代表的物品；第三格写上每个月的加油日期，目的是提醒操作人员该加油的日期。第二、第三、第四个加油嘴的位置也贴上同样的标签，只是第一格替换为2/4、3/4、4/4而已，如图9-15所示。

图9-15　加油标签

（五）用一条直线法来鉴别螺栓是否松动

机器上的螺栓，是用来固定两个不能焊死的部分。但再精密的机器，在使用时，多多少少都会产生一些震动。久而久之，便会出现螺栓松动的现象。

在整台机器中，螺栓只是个不显眼的小零件，再加上震动所产生的松动，肉眼难以察觉。所以，有异常时往往要花许多时间才能找出原因。

而克服这一困扰的办法是将螺栓拧紧后，在螺栓和机器，或是螺栓和螺母之间，画上一条直线（图9-16）。螺栓一松动，这条线就会发生偏差，就可以知道螺栓有没有松动了。若有松动就赶紧紧固。

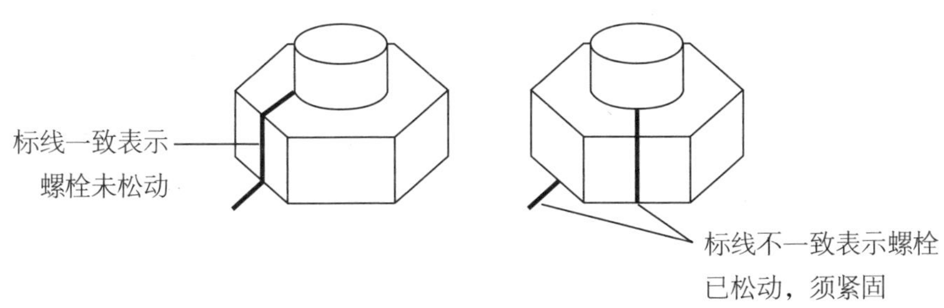

图 9-16　察觉螺丝松动的方法

（六）设备责任看板

将机器保养者的姓名张贴在机器上易于看到的地方（图 9-17），从而让大家能很容易地知道，谁是这台机器的“保姆”。一般人基于面子的考虑，会比较重视所管辖机器的日常保养。

设备管理及区域责任看板

设备（区域）名	责任人	保养要求	日期

图 9-17　设备管理及区域责任看板

（七）日常保养检查看板

这个看板分成两个部分：一是日常保养检查看板，通过这张表了解该员工有没有执行日常保养的工作；二是机器保养看板，这部分的目的是让机器操作人员更了解日常保养的方式与部位，有利于保养工作的完成，如图 9-18 和图 9-19 所示。

保养检查看板

<table>
<tr><td>机台</td><td></td><td rowspan="2">保养状况：　　　日期</td></tr>
<tr><td>保养人</td><td></td></tr>
<tr><td colspan="3">检查要点：</td></tr>
</table>

图 9-18　保养检查看板

机器保养看板				
生产线		保养部位		备注：
保养人		保养方式		
日期		保养要求		

图9-19　机器保养看板

另外，如果员工们还不能主动利用空当时间来执行保养工作的话，最好能在上班一开始或是下班前，抽出一小段的时间，全厂一起进行日常保养，相信会让这项工作做得更好。

（八）保养确认单

一般工厂都会为机器安排各种的定期保养，但保养不光是靠安排，更重要的是大家肯认真执行。

如何掌握相关的人员是否按照预定进度去执行呢？可用目视管理来做到这一点。假设机器每三个月要做一次二级保养，可以设计一份保养确认单。为了能更明确地掌握状况，可以将年份及月份标示在这份保养确认单上。当这一季的二级保养做得好，而且也经过有关单位确认后，就在机器上贴上保养确认单。

所有经检查保养合格的机器均应贴上保养确认单，如表9−20所示。

保养确认单	
设备________________	
保养责任人________________	
保养状况________________	
检查者________________	时间________________

图9-20　保养确认单

（九）完成设备点检顺序图看板

设备点检顺序看板是为了指导员工在执行设备点检时能做到有章可循。由于设备不同，点检顺序也不同，点检顺序图通常贴在设备集中区的墙上，如图9−21所示。

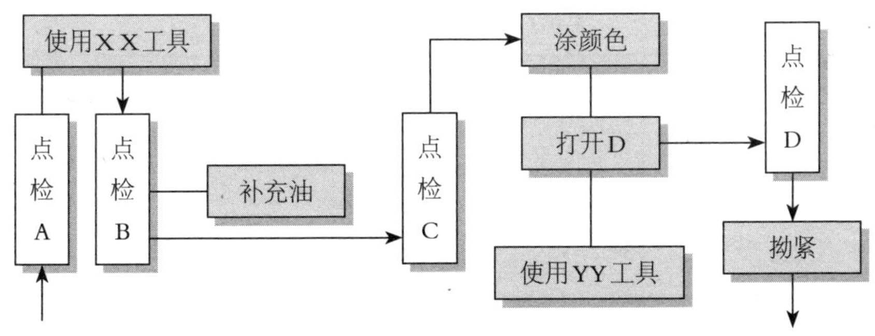

图9-21 设备点检顺序

九、自主保全之自主检查

前面的步骤（第一至第四步骤）主要是将设备的劣化进行复原状态，但之后仍需维持改善，并进一步提高设备的信赖性、保养性、设备质量，并检查所制作的清扫基准、给油基准、检查基准，以及整理点检的效率化和点检的疏忽，以完成自主保养基准为目标。

（一）清扫基准、点检基准的检查

明确定出设备本体，设备质量（加工条件）的管理项目后，进行点检，以零故障、零不良为目标进行总整理活动，对于清扫基准、点检基准，由以下四个观点加以检查。

1.从零故障、零不良的观点进行检查

调查以往对于故障、不良品、点检失误所做的防止再发生内容，并检查在自主保养基准中有无遗漏应点检项目。

2.就点检效率化的观点进行检查

在实施清扫基准、给油基准、总点检基准时有无重复？考虑是否可以在清扫时做点检、给油时做点检等，将作业与点检项目进行组合，检查能否减少点检项目。

3.从点检作业负荷是否平衡的观点进行检查

常有点检工作集中于每周一开工时的情形，因此，对于点检周期、点检时间、点检路线等现状须检查点检作业负荷是否平衡。

4.从目视管理的观点进行检查

① 能否立即知道点检项目的部位？

② 点检是否容易进行？

③ 是否能立即查出异常？

目视管理的具体做法如表9–7所示。

表9-7　目视管理的具体做法

序号	涉及范围	具体做法
1	润滑方面	（1）给油口以颜色类别来表示 （2）油种类的标示与周期的标示 （3）油位上、下限的标示 （4）每单位时间内油的使用量 （5）油罐内的油料类别标示
2	机械要素方面	（1）检查完毕的记号与对核的记号 （2）保养查检的螺栓以颜色类别表示（记号） （3）螺栓不用部分（未使用）以颜色类别表示（记号） （4）检查路线的标示 （5）机器的动作的标示
3	空压方面	（1）设定压力的标示 （2）加油器的滴下量标示 （3）加油器的上限、下限标示 （4）电磁阀的用途标示牌 （5）配管的连接标示（IN，OUT）
4	油压方面	（1）设定压力的标示 （2）油位计的标示 （3）油种类的标示 （4）油压泵的温度卷标 （5）电磁阀的用途标示牌 （6）安全阀的锁紧螺母的对核记号
5	传动方面	（1）三角皮带、链条型式的标示 （2）三角皮带、链条回转方式的标示 （3）为进行点检所设置的透明窗口

（二）自主检查的推行要点

自主检查的目的之一，就是为了提高到高效的自我保全检查基准，以在目标时间内确实地实施维持活动。

1.要符合各设备的保全、运转基准

保全维修部门在自我保全的第四步结束前，必须完成整备基准（检查、安装、拆卸整备的基准），尤其是检查基准。保全和运转基准各有特色，在第五步，各设备的两个基准汇总、修正，明确各自的职责，两者合为一起则是十分完整的检查项目。

2.运转和保全人员商定检查周期

日常检查要深入由劣化而直接影响安全和质量的最低限度的项目里。而且，每天的检查，要作为是为了防止安全、质量问题而采取的最低限度的检查事项，要作为工

作的一部分，而且以身体能感受得到的范围最为理想。

如图9-22所示是综合检查科目与日常、定期检查项目之间的关系。

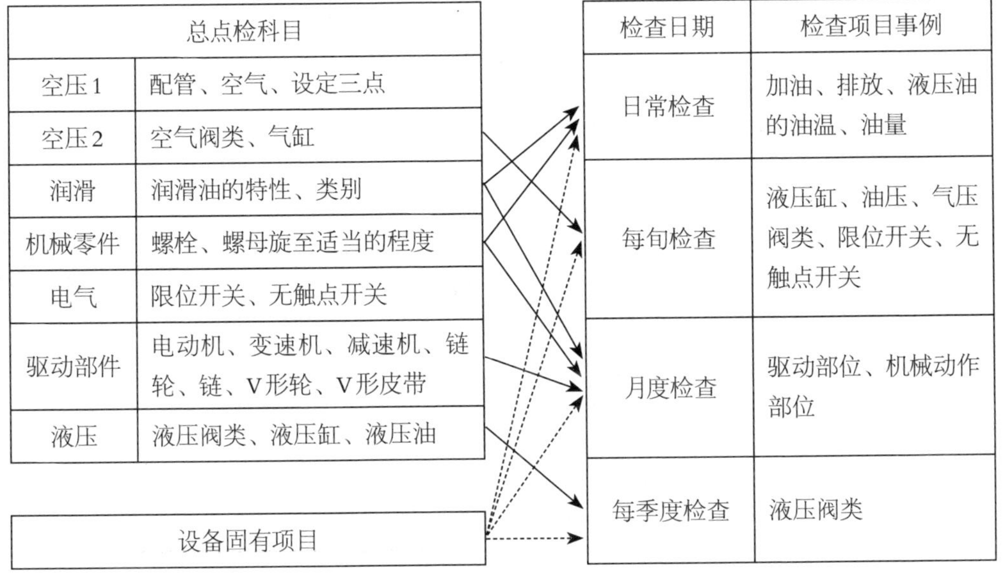

图9-22　综合检查科目与日常、定期检查项目之间的关系

3.决定检查所需要的时间

检查所需时间，取决于检查项目、检查周期、检查设备和车间的具体情况。还要决定操作人员的工作内容、所管台数，是停机检查还是边运转边检查。

在确定本基准时，应在实际的检查工作中对照检查表，然后决定切实可行的时间表，还有刚开始时比较费时，长久后会缩短检查时间。

4.掌握设备的综合知识

在第四步，组织各部门分头学习。操作人员应对自己的设备的各部分及该设备的固有部分的功能、结构的组合，以及工作原理有充分的认识。

正确地进行清扫、加油、检查、操作，这些实际操作是十分重要的。

5.明确设备和质量的关系

要使设备保持良好的状态，实现车间内无故障，就必须明确形成产品质量的4M条件，即设备、模具工具（Machine）、人（Man，含调整方法）、材料（Material）、方法（Method），要明确这些精度和质量特性的关系，并列入检查基准书，这一点很重要。

6.故障、次品的分析

上述基准书编写后，就编写自主保全检查表，因为即使进行日常检查，也常会发生故障和次品。

此时，就要考虑故障的原因在何处，自己的工作上有无应改进之处，并应把反省的内容写入基准书内。

表9-8、表9-9介绍了各种自我保全基准的示例。

表9-8　自我保全（检查、清扫、给油）基准

<table>
<tr><td colspan="3" rowspan="2">自主保全（点检、清扫、给油）基准</td><td>生产线名称</td><td>设备名称</td><td>有效期限</td><td>编写部署</td><td>厂长</td><td>车间主任</td><td>领导</td></tr>
<tr><td></td><td></td><td>年
月</td><td>编写年月</td><td></td><td></td><td></td></tr>
<tr><td rowspan="4">（略图或说明）</td><td>类别</td><td>序号</td><td>（点检、清扫、给油）部位</td><td>基准</td><td>方法、工具（油的类别处理）</td><td>周期</td><td>实施的时间</td><td>负责人</td><td>目标时间</td></tr>
<tr><td></td><td></td><td></td><td></td><td></td><td></td><td></td><td></td><td></td></tr>
<tr><td></td><td></td><td></td><td></td><td></td><td></td><td></td><td></td><td></td></tr>
<tr><td></td><td></td><td></td><td></td><td></td><td></td><td></td><td></td><td></td></tr>
</table>

表9-9　自主保全检

<table>
<tr><td colspan="6" rowspan="2">年　月度　自主保养检查表</td><td colspan="5">生产线名</td><td colspan="4">设备名</td><td colspan="2" rowspan="2">小组</td><td colspan="2" rowspan="2"></td><td colspan="6">填写年月日</td><td colspan="4">车间主任</td><td colspan="3">领导</td></tr>
<tr><td colspan="5"></td><td colspan="4"></td><td colspan="6"></td><td colspan="7"></td></tr>
<tr><td colspan="2">标记</td><td colspan="30">○正常　×异常　○修复（检查时）</td></tr>
<tr><td>周期</td><td>实施时间</td><td>No.</td><td>检查部位项目</td><td>判定基准</td><td>检查方法</td><td>1</td><td>2</td><td>3</td><td>4</td><td>5</td><td>6</td><td>7</td><td>8</td><td>9</td><td>10</td><td>11</td><td>12</td><td>13</td><td>14</td><td>15</td><td>16</td><td>17</td><td>18</td><td>19</td><td>20</td><td>21</td><td>22</td><td>…</td><td>30</td><td>31</td><td>No.</td></tr>
<tr><td>特记事项</td><td colspan="3"></td><td colspan="2">车间主任确认</td><td></td><td></td><td></td><td></td><td></td><td></td><td></td><td></td><td></td><td></td><td></td><td></td><td></td><td></td><td></td><td></td><td></td><td></td><td></td><td></td><td></td><td></td><td></td><td></td><td></td><td></td></tr>
</table>

十、自主保全之标准化

以上的活动是以设备为中心，将重点放在基本条件的整备日常点检的活动。为了让维持管理更加确实，将操作员的责任扩大至设备周边的相关作业，并进一步彻底地降低损失，以达成自主管理的目标，企业须将自主保全标准化。

标准化的结果是形成自主检查作业指导书、作业标准书、检查基准书、作业日报、确认表等。

车架厂装备自主保全标准作业指导书

商用车公司装备技术管理部制版

设备名称	双点压力机	设备型号	E2S-4000-MB	车架厂装备自主保全标准作业指导书	编制时间：2021年1月25日	执行时间：2021 年 2 月 20日
设备编号	41-J-010	设备简码			修订时间：年 月 日	修订次数：第 次
使用车间	大冲车间	安装地点	大冲车间		修订批准人：	修订审核人： 修订人：

序号	部位	类别	保全部位及内容	保全标准及要求	方法及工具	保全时间	保全周期						保全执行人				
							时	班	周	月	季	年	操作工	机修工	电修工	润滑工	技术员
1	气液压显示面板	点检	1.1工厂供气线气压	0.5～0.6兆帕	目视、记录	0.5分钟		•					•				
		点检	1.2润滑油压	6～8兆帕	目视、记录	0.5分钟		•					•				
		点检	1.3液压保护油压	9～12.5兆帕	目视、记录	0.5分钟		•					•				
2	气压控制柜	点检	2.1平衡缸气压	0.4～0.5兆帕	目视、记录	0.5分钟		•					•				
		点检	2.2离合器、制动器气压	0.45～0.6兆帕	目视、记录	0.5分钟		•					•				
		点检	2.3模具缓冲器气压	0.4～0.5兆帕	目视、记录	0.5分钟		•					•				
3	吨位监测装置	定检	3.1吨位 显示仪	单点压力小于1200吨，单点最大压力与最小压力小于200吨	目视	30分钟						•					•
4	机械传动系统（上横梁）	点检	4.1主轴左前轴瓦温度	≤60摄氏度	目视、记录	0.5分钟		•						•			
		点检	4.2主轴右前轴瓦温度	≤60摄氏度	目视、记录	0.5分钟		•						•			
		点检	4.3主轴左后轴瓦温度	≤60摄氏度	目视、记录	0.5分钟		•						•			
		点检	4.4主轴右后轴瓦温度	≤60摄氏度	目视、记录	0.5分钟		•						•			
		点检	4.5过渡轴瓦温度	≤60摄氏度	目视、记录	0.5分钟		•						•			
		定检	4.6飞轮安装螺钉	螺钉与本体画线在一条直线上	目视	10分钟				•				•			
		定检	4.7传动系统润滑油路滤清器	排泄无积压，滤清器及罩内无污垢	清洗	10分钟					•			•			
		定检	4.8分配阀是否堵塞，润滑油路	不堵塞，通畅	清洗	10分钟					•			•			
5	离合器制动器装置（上横梁）	点检	5.1离合器与制动器工作时是否有异常声音和振动	声音正常，无异常振动	听	2分钟		•					•				
		定检	5.2离合器制动器的储气罐、气缸、气阀、气管	不漏气	目视、听	5分钟			•					•			
		定检	5.3储气罐的安全阀	调高压力超过额定值时，安全阀排气	用手调、目视、听	5分钟					•			•			
		定检	5.4离合器、制动器气阀	双手按气阀，气阀阀芯有动作	手动、目视、听	5分钟			•					•			
		定检	5.5进气管旋转密封管接头	不漏气	目视、听	5分钟			•					•			
		定检	5.6离合器、制动器各安装螺钉	螺钉与本体画线在一条直线上	目视、扳手紧固	10分钟				•				•			
		定检	5.7摩擦块磨损是否严重，间隙是否正常	磨损不严重，间隙为2～6.5毫米	塞尺测量	5分钟				•				•			
6	微速调整装置（上横梁）	定检	6.1减速器与平台之间连接螺钉	螺钉与本体画线在一条直线上	目视、扳手紧固	5分钟			•					•			
		定检	6.2连轴器销钉（尼龙棒）	磨损小，无损坏	目视、手摸	5分钟				•				•			
7	连杆导向装置（滑块）	定检	7.1导向套与上横梁下底面之间连接螺钉	螺钉与本体画线在一条直线上	目视、扳手紧固	10分钟				•				•			
8	平衡缸装置（滑块）	点检	8.1平衡缸储气罐、管路及平衡缸	不漏气	目视	1分钟		•					•				
		定检	8.2安全阀	调高压力超过额定值时，安全阀排气	用手调、目视、听	5分钟				•				•			
		定检	8.3平衡缸体与上横梁间联接螺栓	螺钉与本体画线在一条直线上	目视、扳手紧固	10分钟				•				•			
		定检	8.4平衡缸活塞杆与滑块间连接螺栓是否松动、脱落	螺钉与本体画线在一条直线上	目视、扳手紧固	10分钟				•				•			

续表

设备名称	双点压力机	设备型号	E2S-4000-MB	车架厂装备自主保全标准作业指导书	编制时间：2021年1月25日	执行时间：2021 年 2 月 20日
设备编号	41-J-010	设备简码			修订时间：年 月 日	修订次数：第 次
使用车间	大冲车间	安装地点	大冲车间		修订批准人： 修订审核人：	修订人：

序号	部位	类别	保全部位及内容	保全标准及要求	方法及工具	保全时间	保全周期						保全执行人				
							时	班	周	月	季	年	操作工	机修工	电修工	润滑工	技术员
9	滑块及其导向装置（滑块）	点检	9.1导轨的润滑	润滑适度	目视	2分钟		●					●				
		定检	9.2滑块导轨与滑块之间的间隙是否均匀，间隙是否正常	间隙正常	用塞尺检测	10分钟				●				●			
		定检	9.3滑块下平面的平面度	0.08+（0.10/1000）升	用平尺及千分表检测	15分钟				●				●			
		定检	9.4滑块下平面对移动工作台上平面的平行度	行程下死点0.16+（0.20/1000）升	用平尺及千分表检测	15分钟				●				●			
		定检	9.5滑块上下移动对移动工作台上平面的垂直度	0.11+（0.03/100）升	直角弯尺及千分表检测	15分钟				●				●			
10	超负荷安全装置（滑块）	定检	10.1油箱支撑	支撑无松动，脱落	目视、手摸	5分钟				●				●			
		定检	10.2卸荷阀与油箱之间的连接螺钉	螺钉与本体画线在一条直线上	目视、扳手紧固	5分钟				●				●			
		定检	10.3管路、管接头、阀是否漏气、漏油	无泄漏	目视、扳手紧固	5分钟				●				●			
11	装模高度调整装置续（滑块）	点检	11.1滑块封闭高度显示仪表是否完好，显示数值是否正确	仪表完好，显示正确	目视	2分钟				●				●			
		定检	11.2减速器与滑块之间的联接是否紧固，螺钉是否松动、断裂、脱落	螺钉与本体画线在一条直线上	目视、扳手紧固	5分钟				●				●			
		定检	11.3减速器与链轮之间的链式联轴器，连接螺钉	联轴器外观完好，连接紧固适当	目视、扳手紧固	5分钟				●				●			
		定检	11.4内齿套顶丝	顶丝无松动、断裂	目视、扳手紧固	5分钟				●				●			
12	打料机构	定检	12.1打料横杠及其两端的定位块	处于正确位置	目视	2分钟			●				●				
13	移动工作台	巡检	13.1夹紧块	无脱落、转向现象	目视、扳手紧固	2分钟				●			●				
		定检	13.2减速器与移动工作台之间的连接螺钉	紧固适当	目视、扳手紧固	5分钟				●				●			
14	移动工作台夹紧、抬起 机构	定检	14.1顶起缸下端密封	密封无损坏现象，不漏油	目视	30分钟			●					●			
		定检	14.2夹紧器油缸及其联接管路	不漏油	目视	30分钟			●					●			
15	模具缓冲器装置	定检	15.1气垫	不漏气、漏油	目视	10分钟					●			●			
		定检	15.2锁紧缸	不漏气、漏油	目视	10分钟					●			●			
		定检	15.3气垫的连接管路、管接头	不漏气、漏油	目视	10分钟					●			●			
		定检	15.4气垫安装螺钉	螺钉与本体画线在一条直线上	目视	30分钟					●			●			
16	液压站	定检	16.1油箱	不漏油，油面在油箱上两油标线之间	目视	5分钟				●				●			
		定检	16.2润滑油压	6~8兆帕	目视	1分钟				●				●			
		定检	16.3液压保护油压	95~120兆帕	目视	1分钟				●				●			
		定检	16.4双联泵安装螺钉	连接紧固适当，螺钉完好	目视、扳手紧固	5分钟				●				●			
		定检	16.5各配管、软管、阀及各管接头	不漏油	目视、扳手紧固	5分钟				●				●			
		定检	16.6滤清器（5个）	清洁	清洗	30分钟					●			●			
		定检	16.7过滤网	清洁	清洗	30分钟					●			●			
		定检	16.8加油口过滤网	清洁	清洗	30分钟					●			●			

批准： 审核： 编制： 龚德刚

注：保全周期及保全执行人打"●"，序号排列应按保养、点检、巡检、定检的类别顺序排列，其中保养包括调整、紧固、润滑、清扫、整顿、防腐。

他山之石（2）

设备润滑基准书

位置：钢构车间　设备名称：液压摆式剪板机　型号：QC12K-6X6000　设备编号：04011011

序号	润滑部位	润滑方式	润滑量	润滑剂型号	周期		备注
					润滑周期	检查周期	
1	左右回程缸上下端各一点	油枪	小	钙基润滑脂（黄油）	2天（16小时）	每周	设备润滑工作由设备使用者按本基准书实施
2	后挡料滑动螺母左右各一点	涂抹	中（适量）	钙基润滑脂（黄油）	每天（8小时）	每周	
3	上刀架摆动支点左右各一点	油枪	小	钙基润滑脂（黄油）	3天（24小时）	每周	
4	调隙轴轴套左右各一点	油枪	小	钙基润滑脂（黄油）	每周（48小时）	每周	
5	左右油缸活塞杆各一点	油枪	中	钙基润滑脂（黄油）	每天（8小时）	每周	
6	左右油缸垫块各一点	油枪	中	4号石墨锂基脂	每天（8小时）	每周	

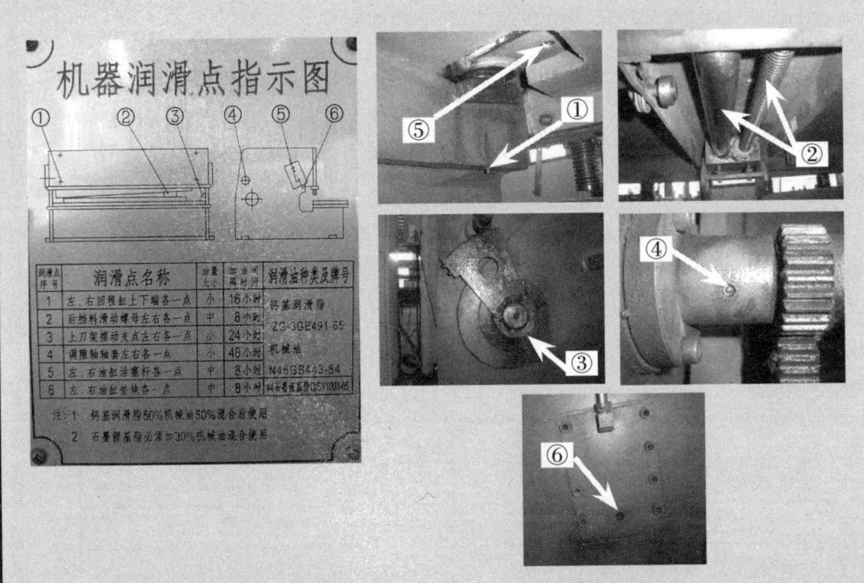

制表：　　　　审核：　　　　批准：

第十章

设备个别改善

导读

根据木桶原理，企业若能够迅速找到自己的“短板”，并给予精益化改善，既能够用最小的投入产生最大的效果，又可以改善现状。个别改善是企业根据设备的不同状况，例如设备的利用状况、性能稼动率、合格率和生命周期等，对设备进行的个体化维护和改善，使企业设备的总体利用率达到最高。

学习目标

1. 了解个别改善的含义，对其概念有清晰的理解。

2. 了解设备的七种损耗，掌握设备综合效率的计算、设备损失结构分析、设备效率损失（Loss）的分类及影响OEE的六大损失及对策。

3. 了解个别改善的三大支柱：全员改善提案制度、班组主题改善活动、部门课题改善活动。

4. 了解个别改善的基本实施步骤，掌握各个步骤的操作要求、环节、方法和注意事项。

学习指引

序号	学习内容	时间安排	期望目标	未达目标的改善
1	个别改善的含义			
2	个别改善的目标			
3	个别改善的三大支柱			
4	个别改善的实施步骤			

一、个别改善的含义

个别改善是对重复故障、瓶颈环节、损失大、故障强度高的设备进行有针对性的消除故障（损失）、提升设备效率的活动。个别改善有以下几种含义。

（一）追求设备效率的极限

我们知道设备的效率是有限的，考虑的问题是如何最大效率地使用设备。

（二）消除设备损耗

我们必须思考设备的损耗是什么，损耗的构成是什么。

（三）改善活动

提高设备效率的活动即个别改善活动，而其他动作行为不能称为个别改善。

二、个别改善的目标

个别改善是TPM活动的重要环节，它通过开展效率化活动追求生产效率的最大化，简单地说就是通过彻底消除设备的损耗，从而提高参与人员的技术、改善等能力。

企业通过个别改善能实现的目标如图10-1所示。

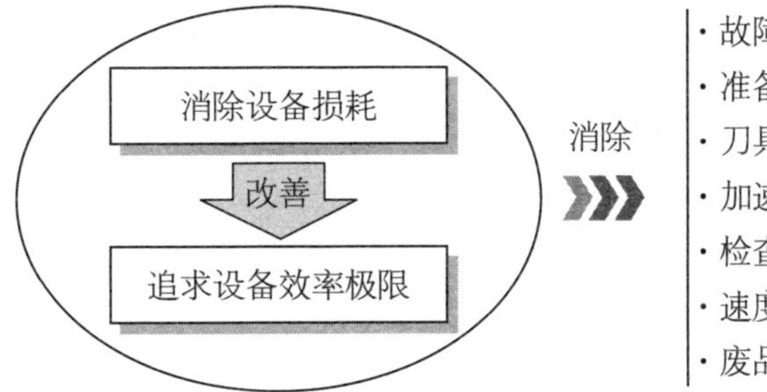

图10-1　企业通过个别改善能实现的目标

（一）设备的七种损耗

要使设备达到最高效率，就要发挥设备所具备的功能和性能。反过来，如能彻底地去除阻碍效率的损耗，就能提高设备的效率。损耗的类型以行业的不同而各不相同，作为一般性机械加工行业，大致可分为以下七种损耗（表10-1）。

表 10-1　设备的七种损耗

序号	损耗类别	说明
1	故障损耗	故障可分为功能停止型故障和功能下降型故障两大类，无论是哪一类故障，故障损耗都是阻碍效率化的最大原因
2	准备、调整损耗	设备从生产前一个产品，然后中止，到生产出下一个产品为止，这其中的准备、调整阶段的停机就是准备、调整损耗。其中主要的是“调整时间”
3	刀具调换损耗	因刀具寿命而调换刀具的时间，刀具折损引起的报废、修整时间，均称为刀具损耗
4	加速损耗	加速损耗就是从开始生产时到生产稳定化时的时间。由于加工条件的不稳定性，夹具、模具的不完备，试切削损耗，作业人员的技术水平等因素，其发生量不同
5	检查停机损耗	检查停机与普通的故障不同，是指因暂时的小故障而停止设备或设备处于空转状态。如传感器因某种原因引起误动作，一旦使之复位，设备就恢复正常工作
6	速度损耗	所谓速度损耗是指实际运行速度比设备的设计速度慢
7	废品、修正损耗	即指因废品、修正引起的损耗。废品固然是损耗，而次品由于要修正也得花费许多不必要的人力、物力，因此也是一项不可忽视的损耗

以上七大损耗是影响设备效率的主要因素。因此，解决这些损耗是提高设备效率化的要点。

（二）设备综合效率的计算

通过对设备损耗的计算，就可以对设备的综合效率OEE（Overall Equipment Effectiveness的缩写）有一个了解；同时还可以为消除损耗提供方向性指导。

1.设备的时间工作率

时间工作率就是设备实际工作时间与负载时间（必须使设备工作的时间）的比率，计算公式如下。

$$\text{设备时间工作率}=\frac{\text{实际工作时间}}{\text{负载时间}}\times 100\%$$

负载时间是指1天（或者1个月）的操作时间减去生产计划上的暂停时间、计划保养上的暂停时间，以及日常管理上需要去除的时间后所剩余的时间。因此，所谓的停止时间就是故障、准备、调整及调换刀具等耗用的时间。

2. 性能工作率

性能工作率＝速度工作率 × 净工作率 × 100%

其中，速度工作率就是设备实际的工作速度相对其固有能力而言的速度的比率。要是速度工作率下降，就可知设备速度下降损耗的程度。

净工作率表示设备是否在单位时间内按一定的速度工作，它并不是说比基准速度快了还是慢了，而是指即使在较慢的速度时，是否能长时间地按这一速度稳定地工作。通过净工作率的计算，可以反映出检查停机等小故障产生的损耗。

设备的综合效率＝时间工作率 × 性能工作率 × 正品率 × 100%

【实例】

假如下面是某车间一个班次的记录。

项目	数据
班次时间	8小时（480分钟）
计划中断	2次（每次15分钟）
进餐中断	1次（30分钟）
停工	47分钟
理想速度	每分钟60件产品
生产数量	19271件
次品	423件

从上面的数据，我们可以得出

计划生产时间=班次时间−计划中断=480−2×15=450（分钟）

工作时间=计划时间−停工时间=450−47=403（分钟）

良品=生产数量−次品=19271−423=18848（件）

从而

时间工作率=实际生产时间÷计划生产时间=403÷420×100%=96%

性能工作率=生产数量÷（理想速度×工作时间）×100%

=19 271÷（60×403）=79.7%

正品率=合格品数÷生产数量=18 848÷19 271=97.8%

OEE=时间工作率×性能工作率×正品率×100%=96%×79.7%×97.8%=74.8%

根据OEE系统所提供的数据，可以方便地知道自己工厂存在什么问题。例如，如果可用率在某一个时间段很低，就说明在七大损失中和OEE时间工作率损失有关的故障太多。那么，显而易见，应该把改善重点放在这些方面了！同样，如果正品率或者性能工资率导致OEE水平降低，那么就应该把目光放在和它们有关的问题点上。在上表中，只列举了一些事件原因，其实它可以包括与生产有关的任何方面。因此，可以对生产做到全面的管理和改善。

（三）设备损失结构分析

设备综合效率注重评价机器设备当前工程能力的达成度，主要衡量指标包括时间移动率、性能移动率、正品率。时间工作率、性能工作率、正品率是由每一个工作中心决定的，但每个因素的重要性，因产品、设备和涉及生产系统的特征不同而异。例如，若机器故障率很高，那么时间工作率会很低；若设备的短暂停机很多，则性能工作率就会很低。因此，只有三者数值都很大时，设备综合效率才会提高，如图10−2所示。

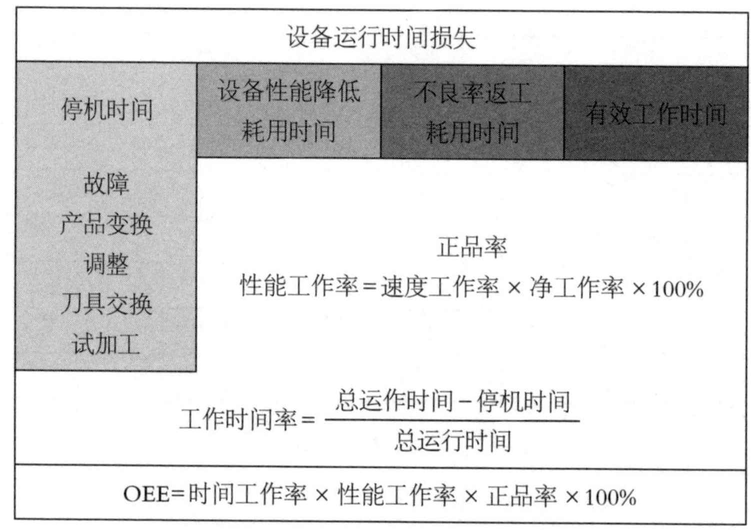

图10-2　设备综合效率与设备损失结构分析

如何使OEE变大？

只有一个方法：时间工作率、性能工作率、正品率都必须变大。而我们的任务是找出使OEE变小的因素。

1.提高时间工作率

影响时间工作率低下的因素有故障、产品变换、调整、刀具交换、试加工。

① 如果是故障问题，只有从设备保养上入手。

② 如果是产品变换，只有从生产计划上入手。

③ 如果是设备调整，只有从日常经验上积累入手。

④ 如果是刀具交换，只有从生产计划上入手。

⑤ 如果是试加工，则无法避免，属于正常设备时间工作损耗。

2. 提高性能工作率

性能工作率＝速度工作率 × 净工作率 × 100%

（1）提高速度工作率

如果速度工作率下降了，可以知道设备速度下降损耗的程度。要提高速度工作率，保持设备持久的工作速度，只有从设备日常维护上入手。

（2）提高净工作率

净工作率表示设备是否在单位时间内按一定的速度工作。如果净工作率降低了，可以知道设备维修停机的损耗变大。提高净工作率，即提高设备停机的概率，也只有从设备日常维护开始。

3. 提高正品率

提高正品率，即提高产品质量。产品质量的问题属于一个非常系统化的问题，需要从产品设计、原材料、过程控制多方面抓起。

（四）设备效率损失（Loss）的分类

设备效率损失（Loss）可分类如图10-3所示。

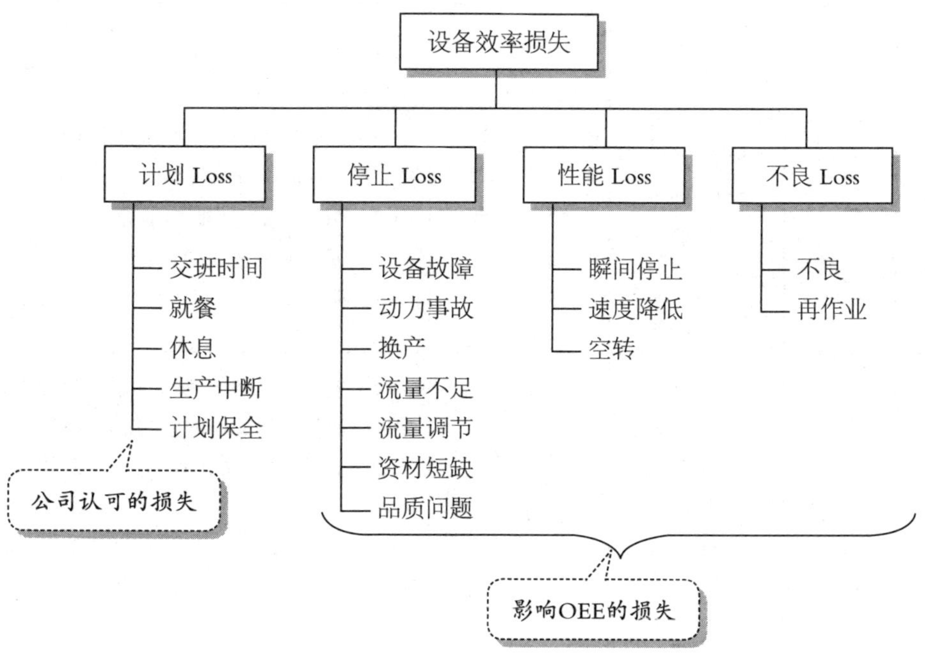

图10-3　设备效率损失（Loss）的分类

影响OEE的六大损失及对策如表10-2所示。

表10-2　影响OEE的六大损失及对策

序号	损失类型		造成的原因	应对措施
1	机器故障	指由于机器故障而浪费的时间	有机器超载、螺钉和螺母松开、过度磨损、缺少润滑油、污染物	（1）总生产维护 （2）操作员自己维护 （3）分析数据记录和帕累托原因。采用系统化的源问题解决法来确定问题的优先排序
2	换装和调试的损失	换线：未经调整的全速的由最后一件产品转入第一件新产品的运作，设备全速运转情况下最后一个良好的旧产品到第一个良好的新产品间所造成的损失	移交工具、寻找工具、安装新工具、调节新设置	（1）运用SMED方法来缩短换线时间★（包括运转中更换原材料，如用新线） （2）通过业绩管理来按照标准监控换线时间是否合格 （3）实施持续改善行动 ★虽然目标是保持约10%的时间用于换线，但这里是为保证最小的库存和最小批量生产
3	计划外停工	机器故障停工或换线以外的原因造成的计划停工所损失的时间（如停工时间少于5分钟，开工推迟/完工提前）	零件卡在滑道里、清除碎屑、感应器不工作、软件程序出错	（1）班组长应花时间观察流程，注意并记录短暂停工时间（“周期练习”） （2）理解计划外停工的主要原因，实施有重点的根源问题解决法 （3）明确确定工作时间标准 （4）通过监控来记录的停工时间，不断提高数据准确性能
4	速度降低	速度降低是指设备在低于其标准设计速度运行时导致的损失	机器磨损、人为干扰、工具磨损、机器超载	（1）明确实际设计速度，最大速度，以及造成速度受限的物理原因 （2）请工程人员进行程序检查并进行修改 （3）应用Machine Kaizen（设备持续改善）来查找低速的原因并对设计速度提出质疑

续表

序号	损失类型		造成的原因	应对措施
5	启动稳定的损失	设备从启动到正常工作所需要的时间	设备要平缓加速到标准速度、烤箱需升温到设定温度、去除多余的材料、处理相关原料的短缺	（1）了解启动过程的次品损失的原因及发生的时间、地点和设备的初始设置参数，然后运用根源问题解决办法来解决 （2）使用SMED（Single Minutes Exchange of Die，快速更换）技术来减少甚至消除设置调整的必要，并实现设备参数标准化的第一轮通过流程 （3）如果因为进线部件和原材料的变化而导致次品损失，从而需要进行调整来补偿，就要建立部件质量拒收的限制，并使供货商质量管理也参与此管理流程
6	生产次品的损失	由于报废、返工或管理次品所导致的时间损失	人工错误、劣质材料、工具破损	（1）通过往常和不断的数据记录及分析了解工艺流程的变化特征 （2）运用根源问题解决工具（如5个为什么、问题解决表、鱼骨表以及PDCA） （3）向造成质量问题的有关人员回馈质量问题

三、个别改善的三大支柱

（一）全员改善提案制度

全员改善提案制度是面向全体员工以企业的全部作业项目为改善对象，不分部门、职务、其他方面的区别，在公司的鼓励下全体员工以提案表的形式向公司献言献策，并对提案进行执行、评价、发表的制度化管理体系。

（二）班组主题改善活动

班组主题改善活动是指以班组为单位，以本班组的工作内容为对象，在班组长的主导下开展的以解决工作上难点问题推进的有计划、有目的的小集团改善活动。

（三）部门课题改善活动

部门课题改善活动是指以各个部门为单位，以企业重点管理项目为对象，在课题改善专业组的主导下开展以改善作业流程、进行技术革新、优化作业方法等重大项目的专项革新活动。

下面是某企业设备效率化的个别改善提案活动管理办法范本，供读者参考。

设备效率化的个别改善提案活动管理办法

1. 目的

通过为期6个月的设备改善提案活动，以重奖方式激励基层员工发现问题，主动提出设备存在的缺陷，并让员工全程参与，解决问题的同时也提高维护设备技能。大量设备缺陷的发现、改善，将提升设备运转性能，也动员所有员工的积极性。

2. 改善提案申报内容

2.1 设备运行中存在松动、磨损、异响、高温、跑冒滴漏、腐蚀、部件缺失等现象。

2.2 设备操作方法、流程不合理，导致设备不能正常稳定运行，并导致备件寿命缩短的。

2.3 设备无法满足生产工艺要求，存在瓶颈及维护困难的。

2.4 设备本身有质量缺陷，在现有条件下，有具体的解决措施或方案的。

2.5 设备管理需改进的，详细写明具体管理方法及措施，不可空话套话。

2.6 其他，只要能提高设备运转率，降低维护费用，增加生产效率的合理化建议，都可以申报。

3. 改善提案申报审核

3.1 以个人、班组、车间、部门为设备TPM改善小组提出提案，提案逐级上报审核，最后报送到设备部汇总，由设备部组织相关技术人员统一审核。

3.2 审核后经设备部、公司领导签字确认，由设备部组织实施提案内容，并制定提案时间节点、提案最终的评价。

3.3 改善提案得分在60分以下的，由公司内部进行奖励；得分在60分以上（包含60分）的由集团进行奖励。

4. 提案改善申报表及评分表

（后附）

5. 改善提案评分及奖励

5.1 个人改善提案奖按实际评审分值，对应的奖励金额如下。

个人奖励核定

	分值范围 / 分	奖励办法
个人奖励核定	20分以下 20 ~ 35 36 ~ 50 51 ~ 60 61 ~ 70 71 ~ 80 81 ~ 90 90分以上	提案纪念奖：奖金20元或纪念品一份 提案绩效三等奖：奖金50元 提案绩效二等奖：奖金100元 提案绩效一等奖：奖金200元 提案优秀三等奖：奖金300元 提案优秀二等奖：奖金500元 提案优秀一等奖：奖金800元 提案杰出贡献奖：奖金1200元

注：奖励在当月工资内兑现。

5.2 提案设TPM组织团队奖励，每月按各公司申报改善提案数量，及最终审核评分高低、多少评定，TPM组织团队奖励评比范围为车间、装置、工段，评定按照该车间有效个人改善提案数量分值之和，TPM组织团队奖设立：团队一等奖、团队二等奖、团队三等奖。

TPM组织团对奖励

	计分公式	奖励办法
TPM组织团对奖励	得分＝团队内个人改善提案分值之和	团队提案三等奖：奖金5000元 团队提案二等奖：奖金10000元 团队提案一等奖：奖金15000元

注：奖励在当月工资内兑现，奖金分配按工资系数进行。

提案改善申请表

提案日期：

姓名		部门		组别		岗位		提案得分	
提案类别	□操作改善　□设备缺陷改善　□设备维修改善　□流程改善 □成本改善　□设备夹具改善　□设施布局改善　□其他								
提案名称									
问题描述					原因分析				

续表

改善对策		预计改善效果
评价：	部门内评价：□建议采纳　　□建议不采纳 评语： 审核人：	

审核评分标准

名　称	4级	3级	2级	1级	得数
可行性	改善内容的可行性、必要性（30分）				
	大量修补	一般修补	少量修补	直接实施	
	0 ～ 7	8 ～ 16	17 ～ 24	25 ～ 30	
实施难度	提案实施的难度（20分）				
	一般	一些努力	相当努力	最大努力	
	0 ～ 5	6 ～ 11	12 ～ 15	16 ～ 20	
有形效果	提高生产效率、设备正常运行的能力、提高产品质量及其他（20分）				
	生产效率提高	产品质量提升	设备正常运行	成本降低	
	0 ～ 5	6 ～ 11	12 ～ 15	16 ～ 20	
推广意义	提案改善后可供工序、部门、公司推广利用（15分）				
	个人	工序	生产部门	公司	
	0 ～ 3	4 ～ 10	11 ～ 15	16 ～ 20	
无形效果	安全、卫生、环境、积极性的改善（15分）				
	卫生	环境	积极性	安全	
	0 ～ 5	6 ～ 8	9 ～ 12	13 ～ 15	
合计得分					

四、个别改善的实施步骤

如何在企业实施个别改善?

（一）建立模范单位

为了实施个别改善，应选择一个模范单位，集中力量对这个区域（设备）进行改善，使之达到一个较理想的水平，让全体人员从模范单位所取得的改善成果中认识到推行个别改善的意义，以及与自己的工作场所之间存在的差距。

1.选择模范单位的必须性

（1）使全面推行个别改善更加简单有效

对一些规模比较大的企业，由于车间、分厂分布在不同的地点，各部门的职责不尽相同，认识上也有一定的差异。在这种情况下，要所有的部门协调一致地开展个别改善，操作上有一定的难度。因此，可以指定某个部门作为模范单位，首先在这些地方开展个别改善，等模范单位取得成效后，让其他部门来观摩学习，以提高他们对活动的认识，增强改善的主动性。这样，全面推行个别改善就会使推进工作变得简单、有效。

（2）激活员工参与改善的热情

选择个别改善中设备问题最多、TPM工作开展迟缓车间作为模范单位，集中公司优势兵力彻底帮助这个车间推进个别改善。当这个车间的设备故障减少了，设备利用率提高了的时候，就要因势利导地在所有车间进行强有力的推广，消除疑虑，激起员工对个别改善的热情。

2.模范单位的选择原则

选择模范单位进行个别改善的目的就是要在公司范围内找到一个突破口，并为大家创造一个可以借鉴的样板。为了达到这样一个目的，在选择个别改善模范单位的时候应注意以下事项。

（1）选择设备较多、改善难度大的车间作为模范单位

如果选择一个硬件条件好（比如说新建的厂房、新买的设备等）的车间或部门，短期的个别改善很难创造出令人信服的成果；相反，选择一个设备较多、改善难度大的车间或部门，通过短期集中的个别改善，将使管理现场得到根本的改变，特别是一些设备效率突然得到提升，将对管理人员产生巨大心理作用，使模范单位真正发挥模范作用。

（2）选择具有代表性的车间为模范单位

在选择个别改善模范单位时，还应考虑所选择的模范单位应有一定的代表性，现

场中所存在的问题具有普遍性。只有这样，改善的效果才有说服力，才能被大多数人认同和接受。不然，就很难达到预期的效果，也就不能给其他部门提供示范和参考作用。在一般情况下，机械加工车间是人们的首选。

（3）所选择模范单位的责任人改善意识要强

要想模范单位的个别改善在短期内见效，选择改善意识比较强的负责人尤为重要。否则，再好的愿望都将会落空。

3.建立个别改善模范单位的主要步骤

建立个别改善模范单位的主要步骤包括指定模范单位、制订活动计划、模范单位人员的培训与动员、记录并分类整理模范单位问题点、决定个别改善的具体计划、集中对策、进行个别改善成果的总结与展示（表10-3）。每个步骤都有其特定的工作内容。值得注意的是，个别改善模范单位的活动必须是快速而有效的。

表10-3　建立个别改善模范单位的步骤

活动步骤		内容
1	确定模范车间（小组）	根据具体情况（现状和负责人对活动的认识）确定样板区
2	制订活动总计划	制订一个1 ～ 3个月的短期活动计划
3	模范车间人员培训和动员	对主要管理人员进行培训，让他们学会如何发现问题；对模范车间全员进行活动动员和进行知识培训
4	模范车间的记录卡与分类改善	记录所有设备问题点（以照片等形式） 分类改善： （1）设备停机分析 （2）设备换刀分析 （3）设备故障原因查找
5	决定个别改善的具体计划	提出改善方法：如对于故障问题，可以通过何种维护方式延长设备寿命
6	进行个别改善活动成果的总结和展示	以数据等形式来展示个别改善后的状况，将改善前后的设备数据进行整理对照，并对活动进行总结和报告。把有典型意义的事例展示出来

（二）项目小组的成立

如何成立项目小组？可以根据企业的实际情况来确定。例如，某公司在TPM推进室设立了一名专职干事，专门负责项目管理；部门责任由部门经理承担，并由其授权项目组长具体负责项目的推进和实施。项目组长不一定是专职，实际上通常是兼职

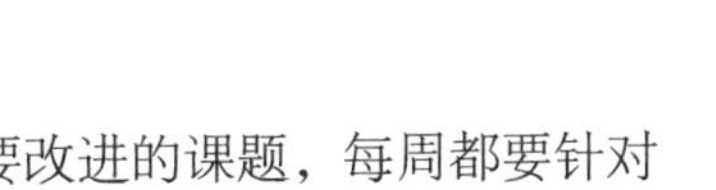

的；每个部门在半年内，必须至少申报两个设备方面需要改进的课题，每周都要针对每个设备课题的实施状况进行报告；每半年举行一次全公司的个别改善发表大会。项目小组的组织形式如图10-4所示。

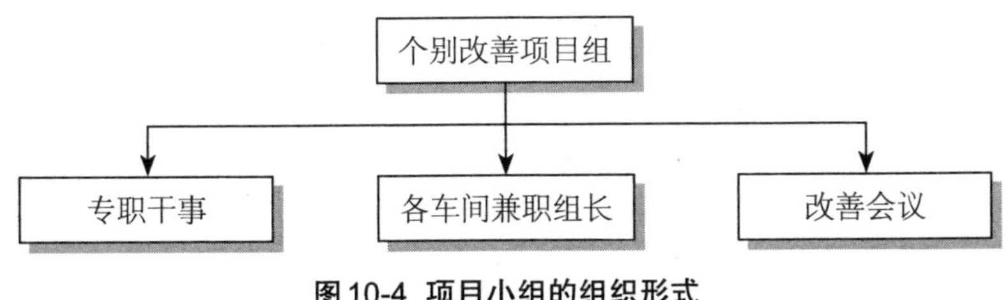

图10-4　项目小组的组织形式

小组各成员职责如下。

① 专职干事。负责策划推行方案、整理资料、数据统计、召集会议、各项问题的解答以及各项改善的跟踪。

② 项目组长。负责本车间内设备问题的搜集，组织本车间员工对本车间设备问题进行改善。

（三）现状损失的掌握

现状损失的掌握是个别改善活动的重要环节。在项目开展之前应进行现状损失调查，对每天的情况进行详细记录。这样获得的数据是有说服力的，能够真正描述问题所在，也能真正把握问题。

【实例】

1.现场设备损失的统计

设备名称	项目	耗用时间
CNC	班次时间	8小时（480分钟）
CNC	换刀中断	1次（每次15分钟）
CNC	换料中断	1次（5分钟）
CNC	维修停工	47分钟
CNC	理想速度	每分钟60件产品
CNC	设备老化导致延长	10分钟
CNC	返工	20分钟

现状调查的另一个任务就是发现构成设备的损失要素，并且要清晰地了解各种要素在整个损失中所占的份额，这是寻找主要矛盾的一种方法。下是根据上表中记录的不良数据所绘制出的柏拉图，从中可以看到前三项不良所占比例高达70%以上。因此，解决问题的焦点就应集中在前三项。

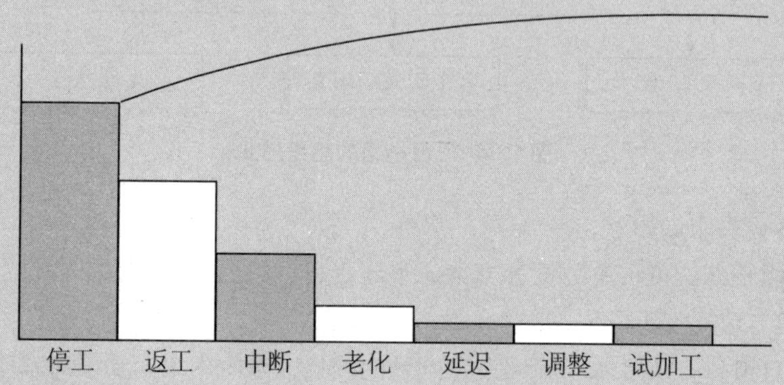

2. 确认问题点

从现状调查表和柏拉图中可以看出，影响设备效率低下的主要因素如下。

停工：由于设备故障停工维修设备，导致加工不能继续。

返工：由于加工产品不良，被迫重新加工。

中断：由于产品切换，需要更换刀具而出现生产中断。

其中，停工耗费的时间就占了47%，且影响度几乎占一半以上，其他不良均在10%以下。这样，问题点就基本得到了确认。

3. 分析原因

确定问题点后，可采用鱼骨图的方法从多方面进行分析，从而发现产生这三大问题的具体原因，以便对其实施治理。

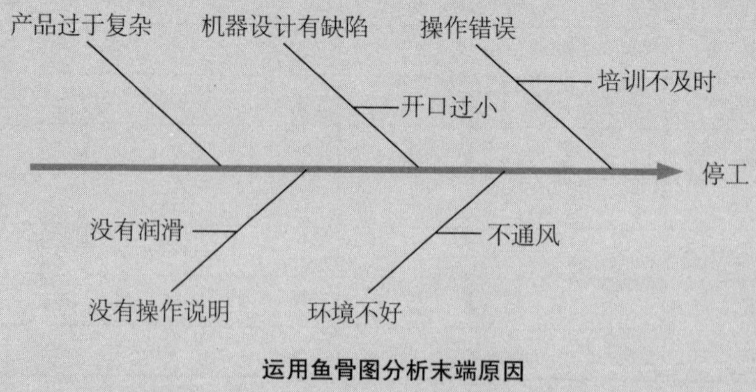

运用鱼骨图分析末端原因

（四）确定主要原因

确定主要原因可按如图10−5所示的三个步骤进行。

第一步　**把因果图、系统图或关联图中的末端因素收集起来**

因为末端因素是问题的根源，所以主要原因要在末端因素中选取

第二步　**在末端因素中是否有不可抗拒的因素**

所谓不可抗拒因素，就是指小组乃至企业都无法采取对策的因素。如“拉闸停电”是供电部门由于城市供电能力不足而采取的分片拉闸限电措施，虽然对本问题造成影响，但这对于小组来说是无法采取对策的，属于不可抗拒因素。要把它剔除出去，不作为确定主要原因的对象

第三步　**对末端因素逐条确认，以找出真正影响问题的主要原因**

确认，就是要找出影响该问题的证据。这些证据要以客观事实为依据，用数据说话。如数据表明该因素确实对问题有重要影响，就“承认”它是主要原因；如数据表明该因素对问题影响不大，就“不承认”该因素为主要原因，并予以排除。对于个别因素，一次调查得到的数据尚不能充分判定时，就要再调查、再确认。这和医生看病一样，根据病人的症状进行分析，可能有多种病因，如何确诊是什么病呢？就要通过对病人采取验血、X射线透视、胃镜检查、B超、心电图、脑电图等手段以取得数据，并对这些数据进行分析，排除得其他病的可能性，从而确诊病人得的是什么病。如还不能充分证明时，还要做进一步的检查，取得进一步的证据，以做最后确诊

图10-5　确定主要原因的三个步骤

确认主要原因常用的方法有以下几种，如图10−6所示。

现场验证

现场验证是到现场通过试验取得数据来证明。这对方法类的因素进行确认常常是很有效的。如某一个参数设定不合适，在对其影响因素进行确认时，就需要到现场做一些试验。通过变动一下该参数，看它的结果有无明显的差异，来确定它是不是真正影响问题的主要原因。又如机械行业中针对加工某零件产生变形所分析出的原因是“压紧位置不当”，对其进行确认时，可到现场改变一下压紧位置，进行试加工。如果变形明显改善，就能判定它确实是主要原因

图10-6

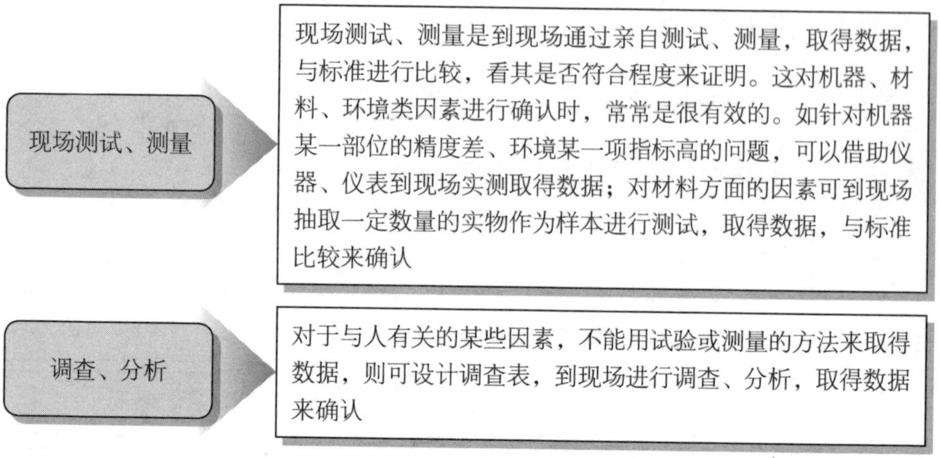

图10-6　确认主要原因常用的方法

总之，确认必须要小组成员亲自到现场，亲自去观察、调查、测量、试验，取得数据才能为确定主要原因提供依据。只凭印象、感觉、经验来确认是依据不足的。采用举手表决、“01打分法”、按重要度评分法等，均不可取。

在确认每条末端原因是否为主要原因时，应根据它对所分析问题的影响程度的大小来确定，而不是根据它是否容易解决来确定。

末端因素要逐条确认。不逐条确认，就有可能把本来是主要原因的因素漏掉。确定主要原因为制定对策提供了依据，因此确认做得好，就可为制定对策打下好的基础。

（五）制定小组目标

改善应设定合适的目标。制定目标必须坚持以下两个原则。

① 目标可以量化。

② 目标必须实际。

【实例】

某厂家设定的个人改善目标如下。

1.生产率得到提高

显然该目标没有量化，一旦操作起来就有问题了，因为操作者根本不知道生产率要提高多少。

2.设备故障率为0

显然该目标不符合实际。因为设备出现故障是必然的，根本无法阻止。

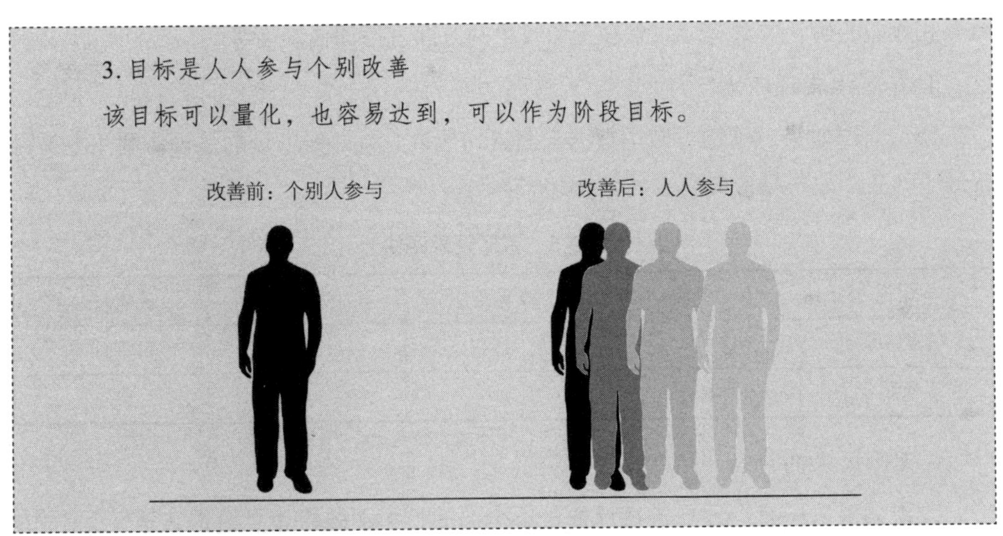

（六）对策实施计划

找到了设备效率低下的原因后，要针对具体问题分门别类地研究对策。在制订计划时，要明确每个问题具体由谁负责，以及其完成时间、实施对策的地点、具体措施等内容都应该在对策实施计划中体现出来，如表10-4所示。

表10-4　设备个别改善对策实施计划

设备名称：冲压车床

故障原因	发生部位	改善方法	责任人完成	开始时间	完成时间	备注
缺少基本的条件	检测器					
	驱动					
功能不足	电力					
使用条件违反	电场					
设计上的弱点	油压	非保全生产技术而无法防止				
功能不足	润滑					
	电力、空压					
缺少基本的使用条件	检测器、调刃具					

（七）效果和效益的评估

制定对策并实施以后，要对改善的效果进行确认，查看设备效率是否提高了、设备故障是否减少了，如果这些目标都实现了，则说明改善策略是有效的。一般来说，效果和效益的确认要从有形效果和无形效果两方面进行评估。

1.有形效果的评估

所谓有形效果，是指可以用数据来衡量的效果。首先要考查的是设备利用率是否提高了、生产效率是否提高了，如表10-5所示。

表10-5　有形效果评估

项目	目标	改善前	改善后	备注
生产率/%	93	85	93	完成
设备利用率/%	86	80	90	完成

2.无形效果的评估

改善如果只用有形效果进行评估是不全面的，无形效果也具有很大意义。比如，经过攻关后，设备运行良好、整条线工艺运行平稳、没有造成质量等其他方面的损失、满足了工艺标准要求。对于整个团队来说，员工在团队精神、质量意识、工具的运用、工作的热情干劲等方面，得到了全面的提升。

（八）总结

所谓总结，就是对到目前为止活动的不足、下一步还要做什么等内容进行的概括，如表10-6所示。

表10-6　TPM个别改善总结报告

改善项目：

改善时间：

参与改善的人员：

改善前状况：	改善后状况：
改善过程描述：	
改善感言：	
改善总结：	

审核：	制表：

第十一章 设备零故障管理

导 读

设备零故障是零概念的一种，就是在设备故障发生之前，运用适当的维修策略消除故障隐患和设备缺陷，使设备始终处于完好工作状态。设备零故障管理是一项复杂的系统工程，其管理过程是全方位的。它要求全员参与（从主管到操作者、维护者）、全过程体现（设备一生管理各个阶段）；实现设备零故障管理的过程，也是完善企业文化的过程。

学习目标

1.了解设备故障的含义，掌握故障的分类、故障的周期。

2.了解零故障的定义，掌握实现零故障的五大对策措施。

3.了解设备故障分析的方法，掌握各种方法的分析步骤。

学习指引

序号	学习内容	时间安排	期望目标	未达目标的改善
1	何谓设备故障			
2	故障的分类			
3	设备故障的周期			
4	零故障			
5	实现零故障的五大对策			
6	设备故障分析			

一、何谓设备故障

设备故障即表现出设备的一种状态的问题，有三层含义，具体状态如下。

① 设备系统丧失功能的状态。

② 设备出现降低性能的状态。

③ 设备脱离正常的运转的状态。

存在以上状态都被称为故障。在此研究的问题不在于故障处于何种状态，而在于如何解决、防止出现上述三种状态。在企业管理中，因为设备故障问题而造成的损失，几乎占据了企业损失的35%。因此，找到设备故障和造成设备性能降低的原因并进行相关改善，成为企业增效的必经之路。

二、故障的分类

设备故障是指丧失了制造机械、部品等规定的机能。制造故障有制造停止型故障（突发故障）、机能低下型故障（渐渐变坏）等。一般来说，设备经常发生的故障如下。

（一）初期故障

在使用开始后早期发生的故障，属设计、制作上的缺陷。

（二）偶发故障

在初期和末期因磨损、变形、裂纹、漏泄等原因而偶发的故障。

（三）磨损故障

因长时间使用，产生疲劳、磨损、老化现象等，随着时间的推移故障率也变大的故障。

三、设备故障的周期

通常设备的寿命皆以故障出现频率来考量判断，设备故障频率高，普遍的结果是随之而来的修护费也高了。当它高到为维持其功能，必须付出比此设备产出的价值更高的维护花费时，就已经失去再做维护的价值。也就是说，这个设备就应该要考虑淘汰了。

通常用设备工作寿命曲线来表示设备故障情况，如图11-1所示。

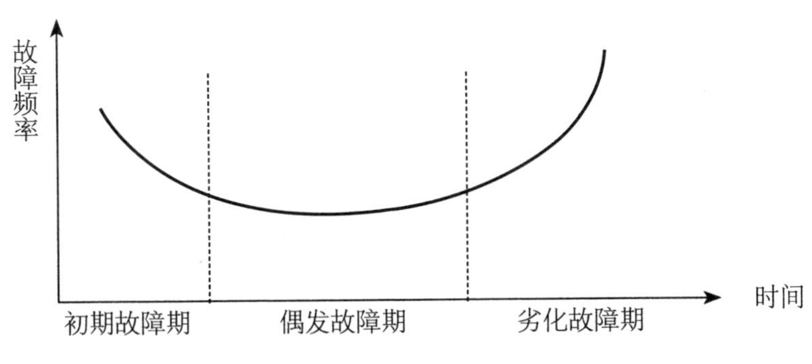

图 11-1　设备工作寿命曲线（一）

（一）初期故障期

初期故障期，一般来说会有较高频率的故障出现，然而因为是设备刚进入运转期，人的关注也较其他时期密切；加上此阶段设备处于保修期，在专家的支援下，对故障筛除效果甚佳。相对于故障高频率地出现，由于故障筛除效果佳，这段时间不是很长。初期故障的产生主要有以下几个原因。

1. 设计的缺陷

规范的制定不明确、设计理念的混淆，从而使得基本和细部设计偏差；或者因为经济上的考虑，而使得设计因陋就简等。

2. 制造、安装的缺陷

未完全按照蓝图制作，零件制造加工粗劣，精密度也不够，材质不良，组合不当，安装、校准不确实，检验、调机、测试不确实，人员培训不够等。

3. 使用的缺陷

设备使用人员未依据操作规范操作、操作技艺尚不纯熟、在不符合设计条件的方式下使用设备等。

4. 维护的缺陷

维护手册的不周全，造成维护作业的失误；维护人员对设备系统、结构等的生疏；维护人员技艺不符合要求；维护设施不足等。

（二）偶发故障期

经过初期故障期的过滤，设备渐渐趋向正常，零件间完好的调整与磨合状态出现了，执行日常点检与周期预防保养，其运转都会达到预期的功效输出，充分发挥维护的效应。这个时候无论是操作或是维护人员的技术都已经熟练，故障实属偶发，其理由为人员的疏忽；设备潜在的缺点在经过长时间运转后才会显现；较难预测的不明原因故障也会出现。这段时间设备已趋稳定、生产顺畅，此生产设备设计的可靠性，在这段时间就显露无遗了。

（三）劣化故障期

此期间进入性能劣化期，零组件经过长时间运转造成磨耗、疲劳、污损等，虽经大量的维护投入，性能却仍然显著减退，或者因为长期在超过负荷下运转而加速老化，导致生产产量降低、品质恶化，设备的生命也很快终结。

一般来说，仍然保持常态不会变化太大。如此将各种故障状态综合而绘出全部故障率的浴缸曲线，具体如图11–2所示。

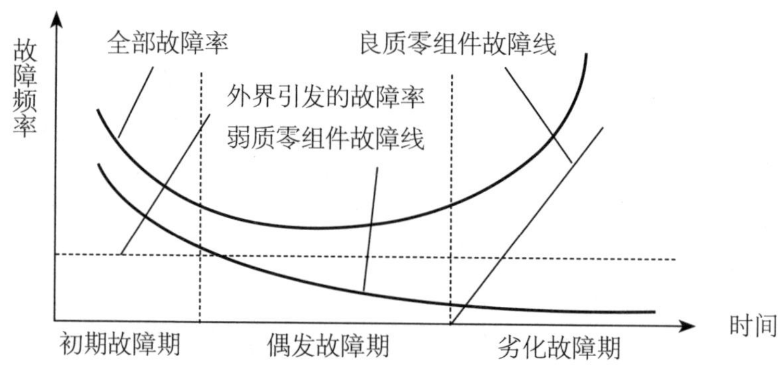

图11-2　设备工作寿命曲线（二）

一般来说，初期故障期，往往在该设备供应商的保证期内，故他们大都会参与现场设备的安装、调机以及试车，因而初期大量的故障会很快获得解决，一年以内设备会趋向稳定；而偶发故障期却很长，因为设备运转已正常，设备操作人员与设备维护人员技术也熟练了，加上点检、预防保养正常执行，设备可稳定维持10 ～ 20年之久。过了前面的两个阶段，设备逐渐老化，逐渐进入该遭淘汰的劣化故障期。具体如图11–3所示。

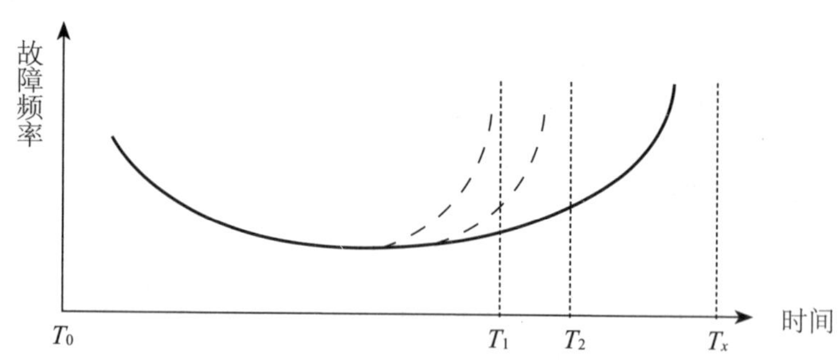

图11-3　设备工作寿命曲线图（三）

从图11-3分析可知：设备自生命周期的起始（T_0），存在的毛病与缺失，大多数已得到迅速解决，设备也可以很快地进入偶发故障期，一切平稳。仅偶尔会出现不是致命的故障，能够一直运转到该设备预期的寿命终止期（T_x）。但是如果在偶发故障期维护不力，此设备预期的寿命终止期很可能会提早到来，如T_2。反过来看，要是在这段时间只执行被动维护，则其寿命终止期会来得更早，如T_1。

四、零故障

（一）对零故障概念的理解

对零故障概念的理解应把握以下几条。

① 零故障并非设备真的不发生故障，而是全力杜绝故障的发生，维持稳定的生产和经营秩序。零也并非绝对值为零，而是以“零”为目标来制定设备管理目标。推行零故障管理并不能保证100%不发生故障，但通过这一过程，可以使故障减少到接近于“零”的程度，使设备运行处于受控状态，设备检修处于计划状态，备用设备处于可用状态。

② 零故障是一个系统性的概念，单台设备或机组实现零故障并不难，但如何使它的停机检修对生产的影响降至最低点则是一个复杂的问题，必须综合考虑生产流水线设备的整体状况和生产系统的综合经济效益。

设备有其寿命，设备的报废不可避免，但寿命的长短与设备保养有很大关系。设备故障是劣化造成的，但劣化中有很大的人为因素。因此，凡与设备相关的人都应转变自己的观念，要树立故障能降为零的观点。不是说设备故障可以做到零，但是可以向零故障的方向努力。追求零故障的过程就是实现设备零故障的意义所在。

（二）新的设备管理理念和心智模式

实现设备零故障管理，企业必须建立新的设备管理理念和新的心智模式，最重要的如下所示。

① 传统理念认为“设备故障是肯定要发生的”；新理念认为“设备故障是人为造成的，因此，只要通过人的努力，设备故障是完全可以避免的”。

② 传统理念认为“人是会犯错误的”；新理念认为“人能够避免错误”。

③ 设备可以终生不大修，而以小修、项修代替大修。

零故障是一个理想状态，但是我们追求零故障的过程却是一种实际状态，如图11-4所示。

图 11-4　追求零故障的过程

五、实现零故障的五大对策

（一）对设备进行整理、整顿和清扫

最基本的工作就是整理、整顿和清扫，也即随时对设备进行清扫、加油与螺栓紧固。人人都知道设备劣化会导致设备故障的出现，但大多数劣化是在没有任何阻止动作的情况下，一路急剧劣化而造成的，有的甚至连这三项基本工作都不进行而让设备进入了报废站。

基本条件整备，主要应做好以下 4 个方面的工作：

① 紧固螺栓、螺母，防止零部件松动或脱落和误动作；

② 实现灰尘、污垢的完全排除和潜在缺陷表面化的“清扫”；

③ 及时注油润滑，防止设备传动部位磨损；

④ 对设备各部位进行点检，及时发现、处理异常。

（二）遵照操作说明操作

设备固有其性能，同时也有其使用条件，这就如同人一样，身体温度不宜高于 37 摄氏度，设备也必须在固有条件下工作。比如，电压、转速、安装条件及温度等，都是根据机器的特点而决定的，在操作的时候必须按操作说明进行。

因为盲目地操作设备或超负荷地使用设备，也许短时间内产量会有所增加，但长期来看只会适得其反，得不偿失。要做到设备零故障，就应严守设备本身使用条件。设备在设计时，就预先确定了使用条件，如转速、负荷、电、温度、湿度，操作人员技能等。操作人员严格达到这些使用条件，能够减少故障。

（三）使设备恢复正常状态

设备每次使用后，都会发生磨损、劣化，但是，恢复正常状态可以减慢劣化的速度。通常情况下，设备在使用后会发生位置的改变和刀具的变化。尽管使用后不可能完全恢复到未使用前的状态，但我们的工作可以减轻劣化。

（四）改进设计上的欠缺点

有的故障是由于设备设计造成的。由于设备的设计是考虑到大众化的产品，有的特殊产品未必适合。因此，必须在设计上对设备加以修正，比如说夹具的长度有限，而产品过长，则必须修正夹具。

（五）提高设备维修技能

提高员工技能是工厂管理中的一项最基本的内容。对于设备维修来说，培训员工的设备管理技能也是至关重要的。员工的技能提高了，追求零故障的行动自然就顺利了。如果员工没有维修设备的技能，设备出现故障，员工却不能立即处理，结果就只会造成实现零故障的举动停滞在设备操作环节。

上述实现零故障的五大对策，必须在运转部门和保全部门的相互协作下才能达到。即在运转部门，要以对设备进行整理整顿和清扫、使用条件的恪守、技能的提高为中心；保全部门的实施项目有使用条件的恪守、劣化的复原、缺点的对策、技能的提高等，如图11-5所示。

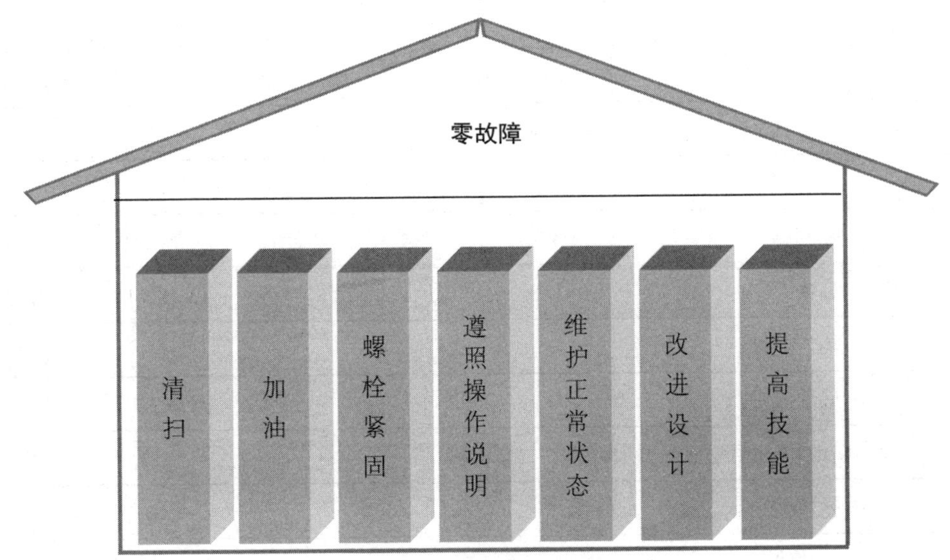

图11-5 实现零故障的措施

六、设备故障分析

（一）统计分析法

通过统计某一设备或同类设备的零部件（如活塞、填料等）因某方面技术问题（如腐蚀、强度等）所发生的故障占该设备或该类设备各种故障的比例，然后分析设备故障发生的主要问题所在，为修理和经营决策提供依据的一种故障分析法，称为统计分析法。

以腐蚀为例，工业发达国家都很重视腐蚀故障的经济损失。经统计，每年由于腐蚀造成的损失占国民经济总产值的5%左右。在设备故障中，其腐蚀故障约占设备故障的一半以上。国外对腐蚀故障做了具体分析，得出的结论是：随着工业的发展，腐蚀形式也发生了变化，不仅是壁厚减薄或表面形成局部腐蚀，而且更主要的是以裂纹、微裂纹等形式出现了。下面介绍一些国家对各种形式腐蚀故障的统计分析资料，见表11-1。

表11-1 美国杜邦公司的资料

腐蚀形式	一般形式腐蚀	裂纹（应力腐蚀和疲劳腐蚀）	晶间腐蚀	局部腐蚀	点蚀	汽蚀	浸蚀	其他
所占比例/%	31	23.4	10.2	7.4	15.7	1.1	0.5	8.5

腐蚀形式	所占比例/%	腐蚀形式	所占比例/%
应力腐蚀	45.6	疲劳腐蚀	8.5
点蚀	21.8	氢脆	3.0
均匀腐蚀	8.5	其他	8.0
晶间腐蚀	4.9		

腐蚀形式	1963 ~ 1968年所占比例/%	1969 ~ 1973年所占比例/%
均匀腐蚀	22	21
局部腐蚀	22	22
应力腐蚀和疲劳腐蚀	48	51
脆性破坏	3	6
其他	5	5

（二）分步分析法

分步分析法是对设备故障的分析范围由大到小、由粗到细逐步进行，最终必将找出故障频率最高的设备零部件或主要故障的形成原因，并采取对策。这对大型化、连续化的现代工业准确分析故障的主要原因和倾向，是很有帮助的。

美国凯洛格公司用分步分析法对合成氨厂停车原因做了分析，具体内容参见表11-2和表11-3。

表 11-2　第一步：统计停车时间及停车次数

项目	1969 ~ 1970年（22个厂）	1971 ~ 1972年（27个厂）	1973 ~ 1974年（30个厂）	1975 ~ 1976年（30个厂）
平均停车时间/天	50	45.5	49	50
平均停车次数/次	9.5	8.5	10.5	11

表 11-3　第二步：分析停车原因　　单位：起

事故分类	1969 ~ 1970年（22个厂）	1971 ~ 1972年（27个厂）	1973 ~ 1974年（30个厂）	1975 ~ 1976年（30个厂）
仪表事故	1	2	1.5	1.5
电气事故	1	0.5	1	1
主要设备的事故	5.5	5	6	6
大修	1	0.5	0.5	0.5
其他	5	0.5	1.5	2
总数	13.5	8.5	10.5	11

由表11-4可见，在每两次停车中，就有一次是由主要设备的事故引起的。

表 11-4　第三步：分析停车次数最多的主要设备事故　　单位：起

主要设备名称	1969 ~ 1970年（22个厂）	1971 ~ 1972年（27个厂）	1973 ~ 1974年（30个厂）	1975 ~ 1976年（30个厂）
废热锅炉	21	10	—	8
炉管、上升管和集气管	19	17	19	13
合成气压缩机	13	16	16	25

续表

主要设备名称	1969 ~ 1970年（22个厂）	1971 ~ 1972年（27个厂）	1973 ~ 1974年（30个厂）	1975 ~ 1976年（30个厂）
换热器	10	9	8	11
输气总管	6	—	6	7
对流段盘管	5	—	—	—
合成塔	—	8	—	—
管道、阀门和法兰	—	—	5	11
空压机	—	11	9	—

分析表11–3可看出以下几点。

① 合成气压缩机停车次数所占比例较高，在1975 ~ 1976年的统计中，高达25%。因为离心式合成气压缩机的运行条件苛刻，转速高、压力高、功率大、系统复杂、振动较大，所以引起压缩机止推环、叶片、密封部件及增速机轴承损坏等故障出现。

② 上升管和集气管的泄漏占较大的比例（13% ~ 19%）。

③ 管道、法兰和阀门的故障占5% ~ 11%，也比较高。

通过以上分析，发生故障的主要部位就比较清楚了。因而可以采取不同对策，来处理各种类型的故障。

第十二章 设备磨损补偿

导读

设备通常是因为劣化而出现故障，设备劣化是因磨损造成的。磨损无法避免，但是可以补偿。设备发生磨损后，需要进行补偿，以恢复设备的生产能力。

学习目标

1.了解磨损的定义，掌握设备磨损的分类——有形磨损、无形磨损和综合磨损的细分及其产生原因与计算公式。

2.了解设备磨损的补偿方式，掌握磨损补偿方式的确认要求。

学习指引

序号	学习内容	时间安排	期望目标	未达目标的改善
1	何谓磨损			
2	设备的有形磨损			
3	设备的无形磨损			
4	设备的综合磨损			
5	设备磨损的补偿			

一、何谓磨损

磨损是零部件失效的一种基本类型。通常意义上来讲，磨损是指零部件几何尺寸（体积）变小。

零部件失去原有设计所规定的功能称为失效。失效包括完全丧失原定功能、功能降低和有严重损伤或隐患，继续使用会失去可靠性及安全性。

机器设备在使用或闲置过程中会逐渐发生磨损而降低其原始价值。磨损有两种形式：有形磨损与无形磨损。

二、设备的有形磨损

有形磨损是指设备在实物形态上的磨损，这种磨损又称物质磨损。按其产生的原因不同，有形磨损可分为以下两种。

（一）第一种有形磨损

这种磨损通常表现为机器设备零部件原始尺寸、形状发生变化，公差配合性质改变以及精度降低、零部件损坏等。此种磨损有一般性规律，大致可分为三个阶段（图12-1）。

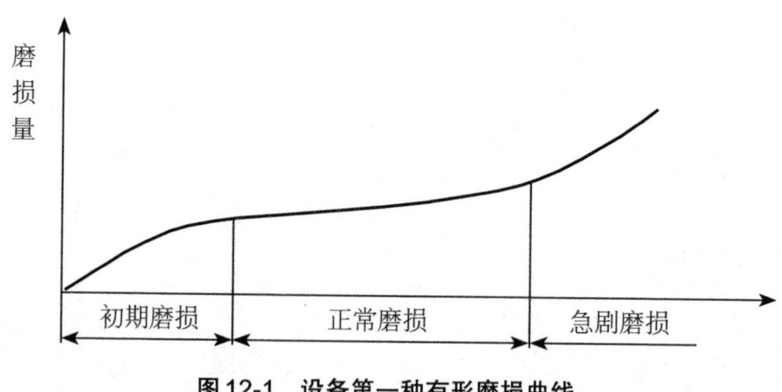

图12-1　设备第一种有形磨损曲线

① 初期磨损阶段。在这个阶段，设备各零部件表面的宏观几何形状和微观几何形状都发生明显变化。原因是零件在加工制造过程中，其表面不可避免地具有一定粗糙度。此阶段磨损速度很快，一般发生在设备调试和初期使用阶段。

② 正常磨损阶段。在这个阶段零件表面上的高低不平及不耐磨的表层已被磨去，故磨损速度较以前缓慢，磨损情况较稳定，磨损量基本随时间均匀增加。

③ 急剧磨损阶段。这一阶段的出现往往是由于零部件已达到它的使用寿命（自然寿命）而仍继续使用，破坏了正常磨损关系，从而使磨损加剧、磨损量急剧上升，

造成机器设备的精度、技术性能和生产效率明显下降。

(二)第二种有形磨损

设备在闲置过程中，由于自然力的作用而腐蚀，或由于管理不善和缺乏必要的维护而自然丧失精度及工作能力，使设备遭受有形磨损。这种有形磨损为第二种有形磨损。

第一种有形磨损与使用时间和使用强度有关，而第二种有形磨损在一定程度上与闲置时间和保管条件有关。

在实际生产中，除封存不用的设备外，以上两种磨损形式往往不以单一形式表现出来，而是共同作用于机器设备上。有形磨损的技术后果是机器设备的使用价值降低，到一定程度可使设备完全丧失使用价值。设备有形磨损的经济后果是生产效率逐步下降，消耗不断增加，废品率上升，与设备有关的费用也逐步提高，从而使所生产的单位产品成本上升。当有形磨损比较严重时，如果不采取措施，就会引发事故，从而造成更大的经济损失。

三、设备的无形磨损

无形磨损又称经济磨损，就是由于科学技术进步而不断出现性能更加完善、生产效率更高的设备，以致使原有设备价值降低；或者是生产同样结构的设备，由于工艺改进或加大生产规模等原因，使得其重置价值不断降低，亦即原有设备贬值。这样，无形磨损也可分为两种形式。

(一)第一种无形磨损

由于相同结构设备重置价值的降低而带来的原有设备价值的贬值，叫做第一种无形磨损，也称为经济性无形磨损。

(二)第二种无形磨损

由于不断出现性能更完善、效率更高的设备而使原有设备在技术上显得陈旧和落后所产生的无形磨损，叫做第二种无形磨损，也称技术性无形磨损。

在实际生产中，无形磨损表现为设备原始价值的降低，故通常用价值损失来度量设备无形磨损的程度，其指标可用下式表示。

$$\alpha_j=\frac{K_0-K_1}{K_0}=1-\frac{K_1}{K_0}$$

式中 α_j——设备无形磨损程度；

K_0——设备的原始价值；

K_1——考虑到第一、第二种无形磨损时设备的重置价值。

由于在实际工作中，第一种无形磨损与第二种无形磨损往往不以纯粹的形态表现出来，而是交错发生，因此在计算无形磨损α_j时，K_1必须反映技术进步的两个方面的影响：其一是相同设备重置价值的降低；其二是具有更好性能和更高效率的新设备的出现。因此K_1可用下式计算。

$$K_1=K_n\left(\frac{q_0}{q_n}\right)^{\alpha}\left(\frac{C_n}{C_0}\right)^{\beta}$$

式中　K_n——新设备价值；

q_0, q_n——使用相应的旧设备、新设备时的年生产率；

C_0, C_n——使用相应的旧设备、新设备时的单位产品成本；

α, β——劳动生产率提高和成本降低指数，指数的数值范围均在0 ~ 1之间。

四、设备的综合磨损

设备的有形磨损和无形磨损同时引起原始价值的降低。但严重的有形磨损在大修理之前，设备不能正确工作；而无形磨损虽然相当严重，设备仍可继续使用。

根据有形磨损和无形磨损的指标，可以计算出两种磨损的综合指标，如下式。

$$\alpha_m=1-(1-\alpha_p)(1-\alpha_j)$$

式中　α_m——设备综合磨损程度；

α_p——设备有形磨损程度；

α_j——设备无形磨损程度。

至于设备在两种磨损作用下的剩余价值K，可用下式计算。

$$K=(1-\alpha_m)K_0$$

整理得

$$\begin{aligned}K&=(1-\alpha_m)K_0\\&=[1-1+(1-\alpha_p)(1-\alpha_j)]K_0\\&=[(1-\alpha_p)(1-\alpha_j)]K_0\\&=[(1-\alpha_p)(1-1+\frac{K_1}{K_0})K_0\\&=[(1-\alpha_p)\frac{K_1}{K_0}]K_0\\&=[(1-\alpha_p)]K_0\\&=K_1-K_1\alpha_p\\&=K_1-R\end{aligned}$$

式中　K_0——设备原始价值。

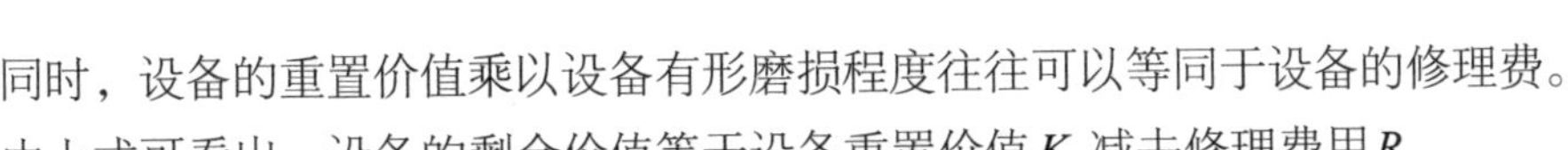

同时，设备的重置价值乘以设备有形磨损程度往往可以等同于设备的修理费。

由上式可看出，设备的剩余价值等于设备重置价值K_1减去修理费用R。

五、设备磨损的补偿

（一）设备磨损补偿的方式

根据磨损形式的不同，补偿方式也不同，补偿方式一般有修理、更代化改装和更新三种。设备有形磨损的补偿，可以是修理或更新；无形磨损的补偿，可以是现代化改装或更新。同时，修理、改造属于局部补偿，更新属于完全补偿。

1.修理

修理是修复由于正常或不正常的原因而造成的设备损坏和精度劣化，通过修理更换已经磨损、老化和腐蚀的零部件，使设备性能得到恢复，其实是对设备有形磨损进行补偿，手段是修复，目标是恢复设备性能。按修理的程度和工作量的大小，一般分为小修、项修、大修。设备的小修、项修、大修不仅在工作量和工作内容上有所区别，而且所需费用、资金来源也不同。项修、小修所需费用直接计入生产成本，而大修所需费用则由大修理专项费用开支。

设备小修是用修理或更换个别零件的方法，保证或恢复设备工作能力的运行性修理。设备项修是为恢复设备某一系统（或单元）完好技术状况、工作能力和寿命而进行的作业。设备大修是用修理或更换任何零总部件（包括基础件）的方法，恢复设备完好技术状况和完全（或接近完全）恢复设备寿命的恢复性修理。

在进行设备大修理决策分析时主要考虑以下两个方面：

① 设备的大修理费用不能高于其更新成本；

② 大修理后的生产成本不能高于同种新设备的生产成本。

2.现代化改装

所谓设备的现代化改装，就是应用现代化的技术成就和先进经验，根据生产的具体需要，改变旧设备的结构或增加新装置、新部件等，以改变旧设备的技术性能与使用指标，使它局部达到或全部达到目前生产的新设备的水平。

设备的现代化改装是对现有企业现代化改装的有效措施，在技术上能克服现有设备的技术落后状态，促进设备的技术进步，扩大设备生产能力，提高设备质量，在经济上也有优势。因为改造是在原有设备的基础上，原有设备的零部件有许多可以继续被使用，因此所需投资往往比用新设备要少。同时，改装有很大的针对性和适应性，能适应生产的具体要求，在某些情况下，其适应性程度甚至超过新设备，某些技术性能达到或超过现代新设备的水平。由此可见，现代化改装更具有现实意义，但设备的现代化改装并不是在任何情况下都能做得到的。当出现一种新的工作原理和新的加工方法时，这种先进的原理和加工方法，用原有设备改造，改造量太大，很不经济，因此，采用设备更新的方法显得更为经济些。同时，设备的役龄对设备的现代化改装影响很大，对役龄大的特别是陈旧设备进行现代化改装，技术上常常是很困难的，所需费用也很高。

3.更新

更新从战略上讲是一项很重要的工作。因为一台设备经过多次修理，可以在更长的时间里勉强使用，这样长期使用设备而不进行更新，意味着这么长的时间里没有技术进步，它是生产发展的严重阻碍。

设备更新有两种形式：原型更新和技术更新。

① 原型更新又称简单更新，它是用相同型号设备以新换旧。这种更新主要用来更换已损坏的或陈旧的设备。这样有利于减轻维修工作量，能保证原有产品质量，减少使用老设备的能源、维修费用支出，缩短设备的役龄 。但不具有更新技术的性质。

② 技术更新，是以结构更先进、技术更完善、效率更高、性能更好、外观更新颖的设备代替落后、陈旧、遭到无形磨损、在经济上不宜继续使用的设备。这是实现企业技术进步，提高企业经济效益的主要途径。

反映某一国家、部门或企业设备更新的速度指标，可用设备役龄和设备新度来表示。设备役龄是指设备在企业中服役的年限，设备的役龄越短，表示某个部门或企业的技术装备水平越先进。

设备的新度是指设备的净值（原值－折旧值）与设备的原值之比，设备新度系数越大，表明设备越新，现代化程度越高。

（二）确认磨损补偿方式

机器设备遭受磨损以后，应当进行补偿。但设备磨损形式不同，其补偿的方式也不一样。

机器设备有形磨损是由零件磨损造成的。由于各零件的材质不同，在机器运转过程中受力情况和工作条件不同，它们的磨损情况并不一样。在一台设备中，总是有的零件已经失去原有功能，而另一些零件则可以正常使用。这种局部的有形磨损，一般可以通过修理和更换磨损零件的办法，使磨损得到补偿。对于由第一种无形磨损造成的设备价值的降低，可以通过对原有设备进行现代化改装的办法使之得到局部补偿。当设备产生不可修复的磨损或遭受第二种无形磨损时，可采用结构相同的设备或更先进的设备来更换原有设备的办法加以补偿。图12-2表示了设备磨损形式与其补偿方式的关系。

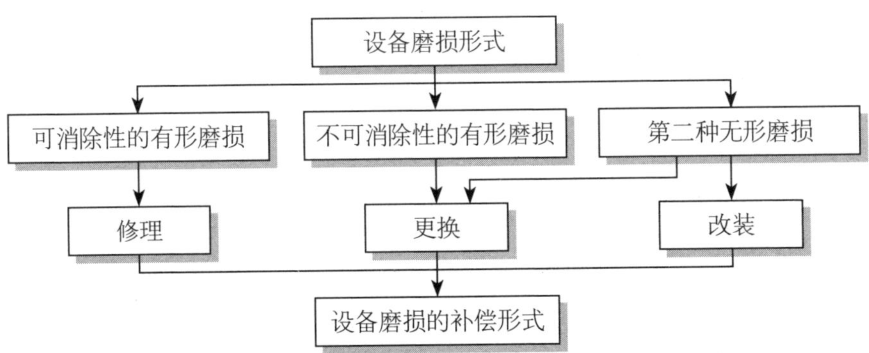

图12-2　设备磨损形式与其补偿方式的关系